Hobby Japan extra

U0080130

CONTENTS

幻想模型作品集 H.M.S

LEATHERFACE
ALIEN

Show Window vol15

穿過東京中野站的熱鬧大街，來到相對恬靜的區域，眼前忽然出現了一個科幻電影的世界。
「PHYCHO MONSTERZ」不只販賣與收購電影相關的商品，還提供代客製作模型、修理服裝與電影道具的服務。
重量級實力的老闆在這個超乎尋常的空間等候各位光臨。

攝影／大村祐里子

PSYCHO MONSTERZ

住址／東京都中野区上高田2-3-22
營業時間：12：00～19：00 每週三公休
URL／https://monsterz.net/pms/

幻想模型作品集

H.M.S.

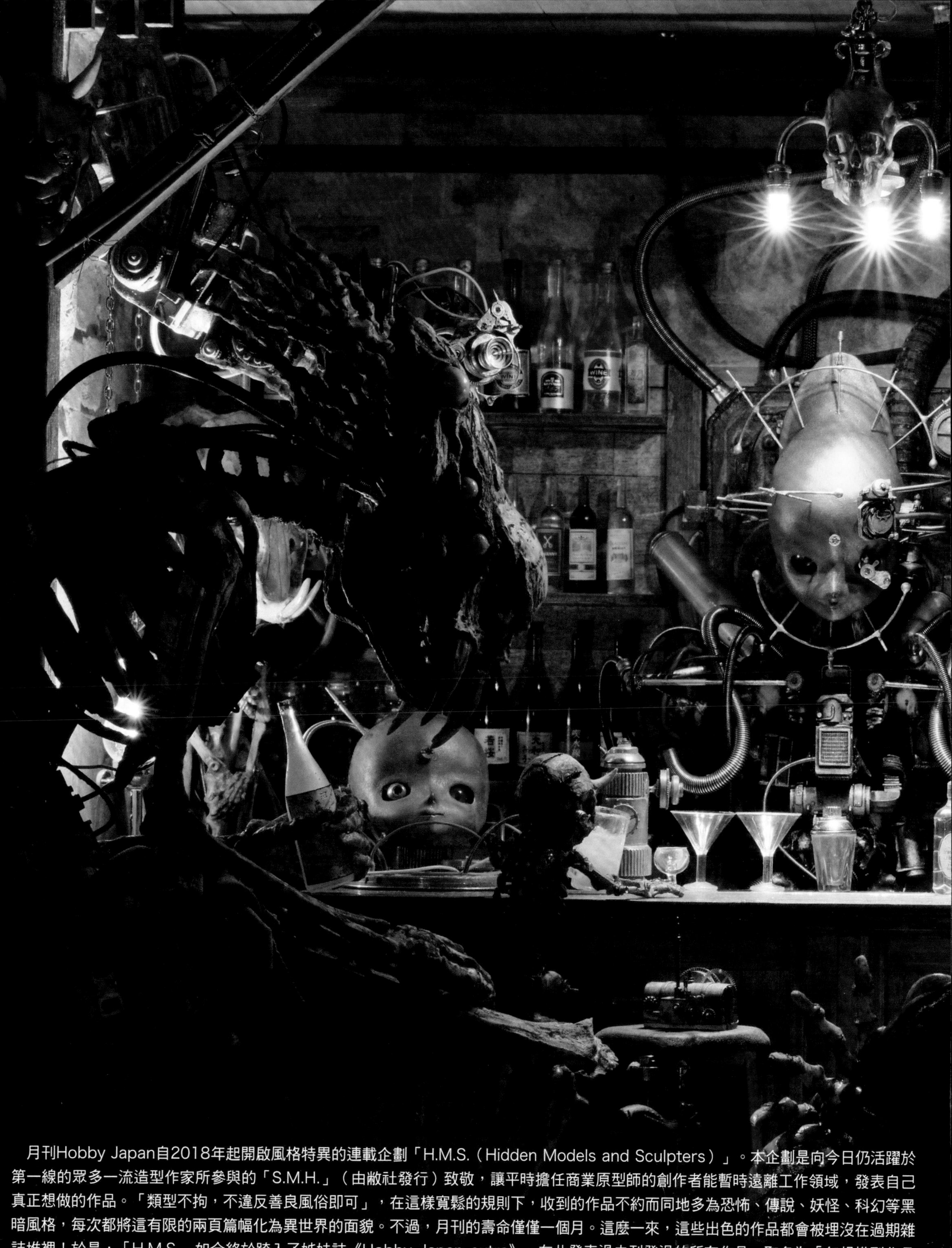

月刊Hobby Japan自2018年起開啟風格特異的連載企劃「H.M.S.（Hidden Models and Sculpters）」。本企劃是向今日仍活躍於第一線的眾多一流造型作家所參與的「S.M.H.」（由敝社發行）致敬，讓平時擔任商業原型師的創作者能暫時遠離工作領域，發表自己真正想做的作品。「類型不拘，不違反善良風俗即可」，在這樣寬鬆的規則下，收到的作品不約而同地多為恐怖、傳說、妖怪、科幻等黑暗風格，每次都將這有限的兩頁篇幅化為異世界的面貌。不過，月刊的壽命僅僅一個月。這麼一來，這些出色的作品都會被埋沒在過期雜誌堆裡！於是，「H.M.S.」如今終於跨入了姊妹誌《Hobby Japan extra》，在此發表過去刊登過的所有作品，取名為「幻想模型作品集H.M.S.」。適合秋天的漫漫長夜欣賞，敬請享受這奇幻而被藝術感環繞的時光。

BAR H.M.S.

作品名稱 BAR H.M.S.　製作／山脇 隆

BAR H.M.S.』

站在吧台中央的是Lim，店門口是Akemi，遠處還有正在實習的Tan前來接待你。這間店的位置飄忽不定，在地圖上是找不到的，接連數日都有來自多個不同次元的客人前來，熱鬧非凡。

也許是店裡環境太舒服了，坐在吧台邊的生鏽骷髏男已經在這裡打了五年的瞌睡。

山怪總是在談論愛的真諦。幼龍小五郎今晚也正安穩沉睡。還有其他許多異形也各自將心靈停靠在美酒的港灣。這是大家落腳歇息的場所。

你到吧台坐了下來。首先從『以Cuervo 1800基酒搭配音速搖製的瑪格麗特』作為開頭，最後再用Akemi調製的『以MACALLAN 120年基酒製成的鏽釘子』畫下完美句點。這就是最標準的點法。

今晚也請好好享受。

『請進，歡迎來到

刊登於本書封面的「BAR H.M.S.」替本特集拉開了序幕。這是由如同H.M.S.製作人般的存在──山脇隆所製作的作品。這間與本企劃同名的店鋪於次元的縫隙間營業，是家聚集了許多異形的奇妙酒吧。山脇的年輕歲月曾在國外當過酒保，也許這間酒吧紛雜而頹廢的氛圍，正反映了他的親身經歷。

作品尺寸／長30cm×寬45cm×高30cm

關於封面作品的創作概念，最初的念頭是希望能讓人充分沉浸在H.M.S.的世界中，一手拿著喜歡的飲品，另一手宛若打開店門般地翻閱書頁，於是就浮現了「BAR」這個點子。和奇幻生物（異形）們一起歡鬧飲酒的一間店。接著我就想到了韮沢靖作品集《CREATURE CORE》當中登場的作品《BAR CYCLOPS》。我曾經在阿佐谷的事務所拜見過實品，深深烙印在我腦海裡，一直盼望有天也能建構出那樣的世界。

我以前曾經當過酒保，前後做了15年左右，製作這個作品的過程中，我不斷搜尋當時在東南亞某個國家工作的記憶，感受到許多樂趣。作品當中的成員都是當時的工作夥伴，吧台的客人則是當時的常客。當時還是二十多歲的我，身處神祕的南方國度，總是在醉醺醺的狀態下工作，而這就是我當時每晚看到的景象。

山脇 隆（やまわきたかし）

GK模型品牌「T's Facto」負責人。除了GK模型之外，也以怪獸原型師的身分參與為數眾多娛樂廠商的商業原型製作。另外也以作家身分進行活動，結合微縮模型屋與奇幻生物，發表氛圍獨特的原創作品。定期舉辦個展。

H.M.S

CHAPTER 1
黑暗祭禮

陰森詭異的奇特儀式在無人知曉之處傳承至今，
還有異形之神與受詛咒的歷史遺物。體現人類黑暗面與恐怖的7篇作品。

紅色神像與信眾

原型師米山啓介同時也於「Wonder Feastival」等活動場合進行販售。本作陰森詭異的雕像，是他以自身的夢境為基礎所製作。樣貌宛如金針菇的信眾，更進一步強化了本作的黑暗氛圍。

作品名稱 **紅色神像與信眾** 製作·撰文／**米山啓介**

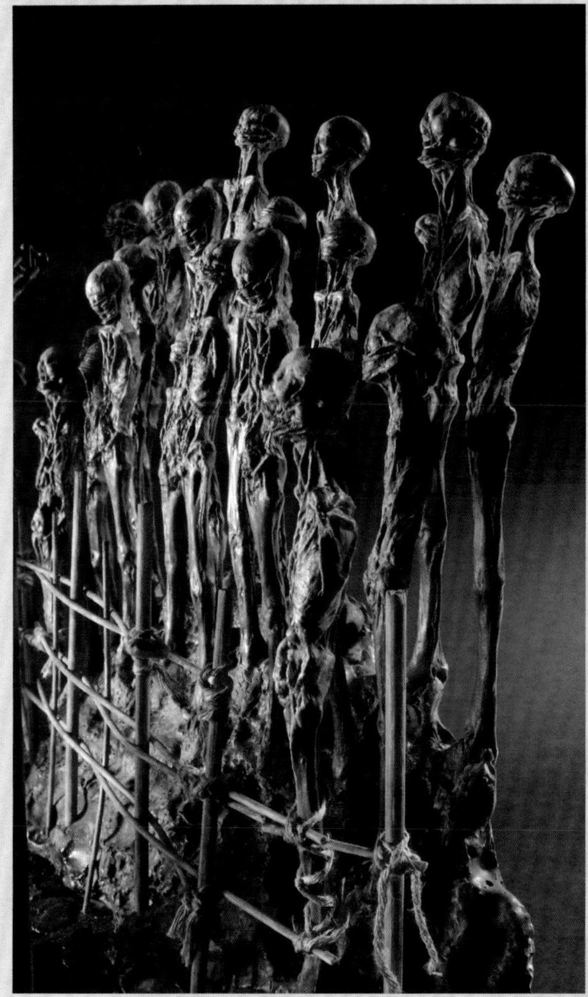

在前方等著你的，是超乎尋常的怪異景色。宛若沐浴在鮮血中的大紅色神像，以及面目全非的鳥居。遠處隱隱約約浮現無數人影，窸窸窣窣，散發出陰森詭異的氣息。你整個人被絕望的氣氛籠罩，眼前的景色開始扭曲，意識逐漸模糊……

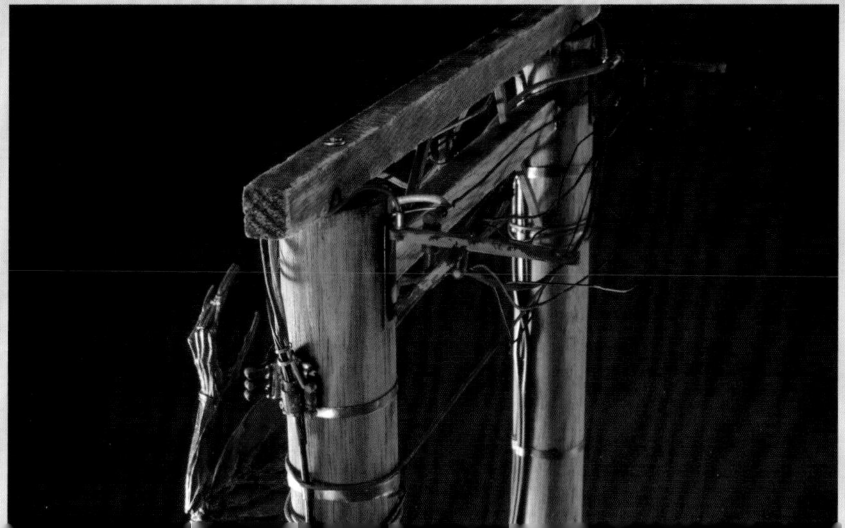

米山啓介（よねやまけいすけ）

隸屬於模型品牌sum-art旗下的原型師。同時也在Wonder Festival等活動場，以個人名義「OBSCULPT」進行販售。

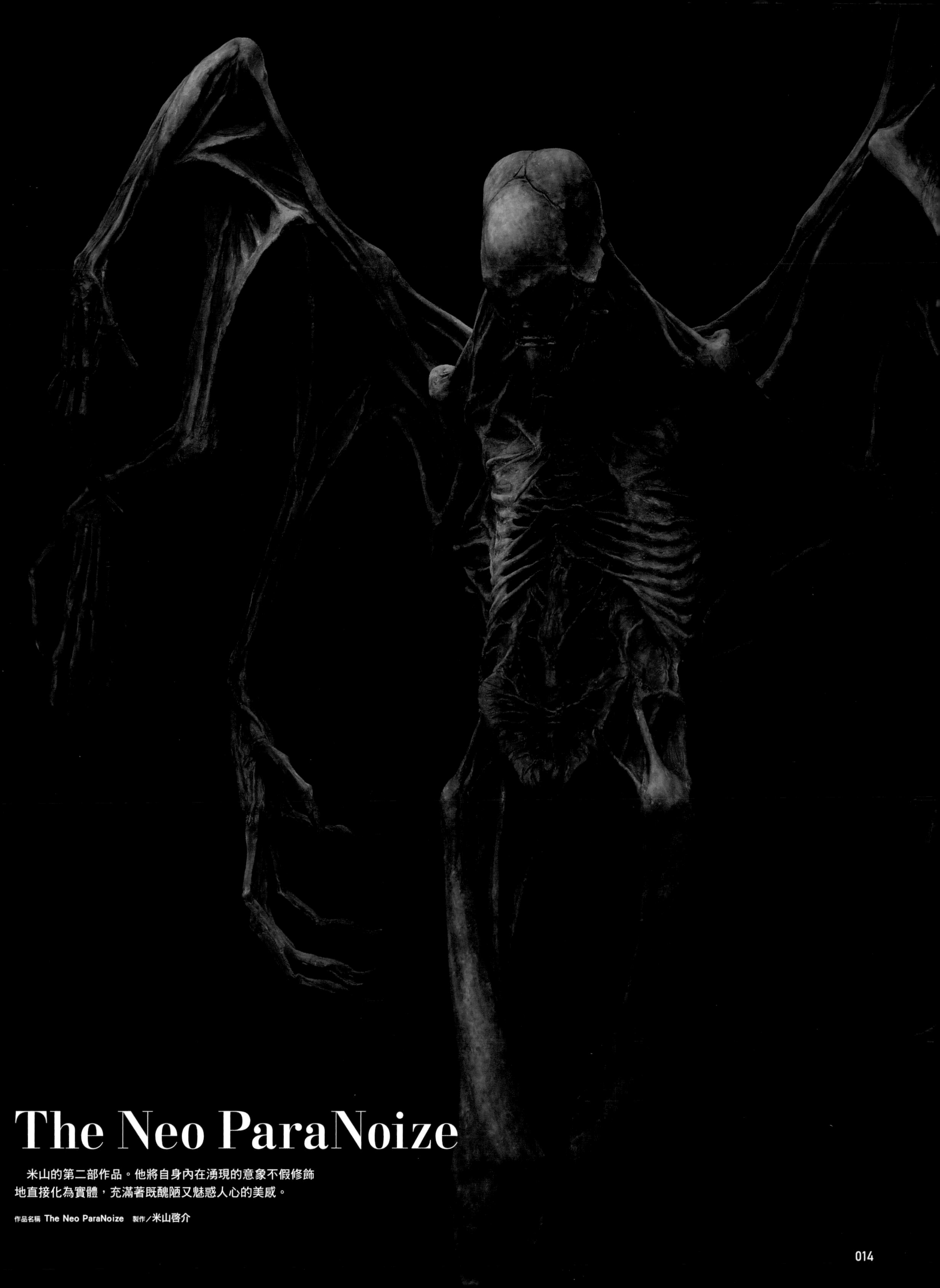

The Neo ParaNoize

　米山的第二部作品。他將自身內在湧現的意象不假修飾地直接化為實體，充滿著既醜陋又魅惑人心的美感。

作品名稱 The Neo ParaNoize　製作／米山啓介

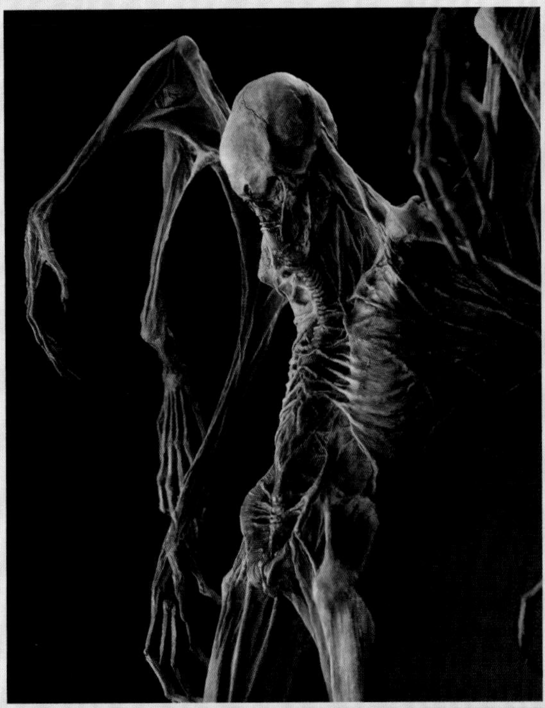

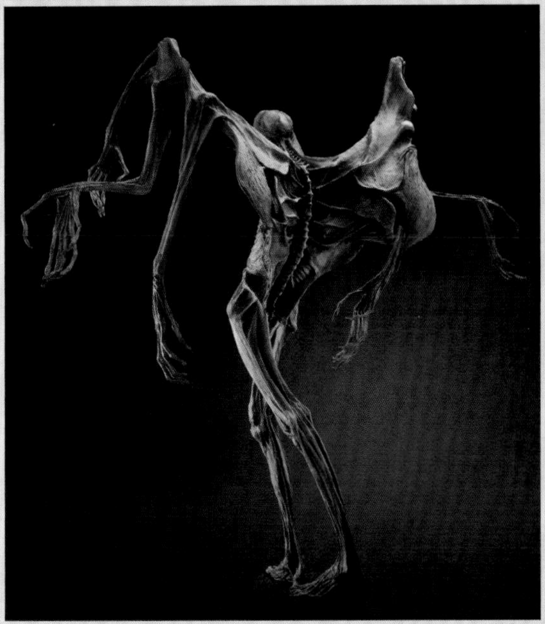

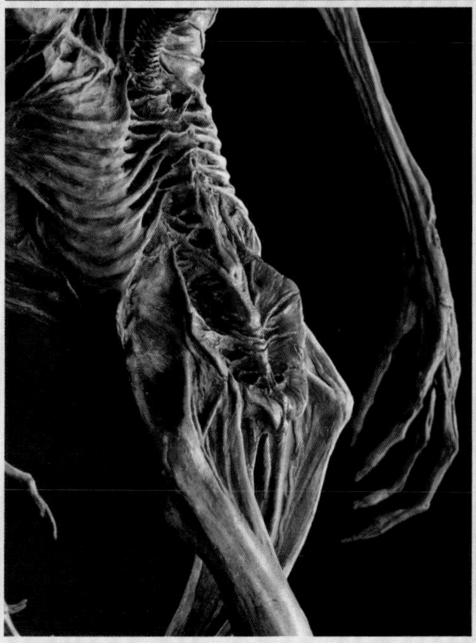

這一切，要從我和他發現了「那個」開始說起。

起初是身為記者的他登門拜訪，他聽說我們寺廟裡有個奇怪的木乃伊，希望我能讓他採訪。

我一開始完全摸不著頭緒，只是隱約明白到，我們寺廟裡有著某些我不知道的東西。

這激起我內心孩童般的好奇。

我以接受採訪的名義，讓他幫忙搜索倉庫。

最後我們找到了這具木乃伊。

盒子上面寫著「九頭龍的庶子」。

光看名字還以為是某種蛇類，結果外觀完全出乎我的預料。

模樣既陰森又詭異。乍看之下很像胎兒，卻又和人類相差甚遠。

後來的情況，直接就結果來說，我和他絕裂了。

看到那具木乃伊的第一眼，我們心裡都湧現了相同的情感。

想要進一步仔細看看這個木乃伊，想要觸碰它，想要據為己有。我們深陷於這股難以名狀的喜愛之情。這個陰森詭異的古物深深吸引了我們。

喜愛轉變為執著。

他執拗地不停要求來看木乃伊，我一一回絕了。

在這過程中，我和他反覆引發爭執，導致我和他原有的人際關係徹底崩毀。這也是再自然不過的，畢竟都到了無數次引來警察關切的地步。

他丟了工作，我也疏於職守，寺廟的信徒紛紛出走，妻子也離我而去。不過，這都只是微不足道的小事。我實在無法忍受有其他人與它接觸，我無法允許這種事發生。

此刻，我隻身一個人待在昏暗的房間，看著眼前的木乃伊。一刻也不敢離開它。甚至連吃飯和睡眠都讓我感到恐懼。

假如他趁我疏忽的時候潛入的話……

凹間放著一把我從倉庫取出的日本刀。

他想必已經到了極限，肯定會採取行動。

自從我和他一同看到木乃伊的那刻起，他既是我的同志，同時也是和我爭搶木乃伊的宿敵。

我已經幾天沒睡，徹夜把守了，現在甚至還出現幻聽。我閉上眼，停止思考。

「Ia! Ia! Chhulhu fhtagn! Ia! Ia! Chhulhu fhtagn!」

我的腦中出現了不知道是什麼意思的咒語，這讓我感覺很舒服。這時，大門被撞破的聲音打破了寂靜。

木乃伊

佐藤和由是一名同時以「滅絕屋」的攤位名稱進行販售活動的原型師。本作他選擇自身擅長的克蘇魯神話為創作主題。這個添加了眾多日本元素的詭異木乃伊，體積雖小，卻散發出不可思議的存在感。

作品名稱 木乃伊　製作・撰文／佐藤和由

佐藤和由（さとうかずよし）

自專門學校畢業後，任職於模型原型製作公司，之後十多年間始終以員工身分往來於模型業界。2015年開始以「滅絕屋」的攤位名稱展開個人活動，也會參加「Wonder Festival」等活動。造型作品以怪獸與奇幻生物為主。

Twitter @kijyuu313　HP http://zetumetuya.wixsite.com/zetumetuya

章魚地藏

佐藤和由的第二個作品。以流傳於大阪岸和田的傳說故事為主軸，加入他最擅長的克蘇魯神話元素，予以實體化。這次的作品也同樣採用富有日本元素的設計，展現出傳奇小說式的獨特魅力。

作品名稱 **章魚地藏** 製作・撰文／**佐藤和由**

「章魚地藏」

天正十二年，羽柴秀吉為赴戰場，
從大阪城出發前往尾張。

與羽柴敵對的根來眾與雜賀眾等紀州勢力，
認為城主不在是個大好機會，
於是起兵攻向大阪。
大舉進攻由羽柴麾下的
中村一氏所駐守的岸和田城。

紀州軍擁有壓倒性的人數，氣勢龐大，
中村陷入苦戰。
眼看城池即將被攻陷，此時，

一位法師乘著大章魚現身。

大章魚揮舞手足，接二連三地掃開紀州軍，不過，
以人數取勝的紀州軍轉眼間便蜂擁而上，
將大章魚與法師團團包圍。
正當岸和田城的士兵們心想，這一刻終於還是來了，
就在這個時候，海裡游出幾千萬隻章魚前來助陣，
襲擊紀州軍，將他們全部趕跑。
中村自始至終目睹此景，派人尋找法師以向其致謝，
然而無人知曉其行蹤。

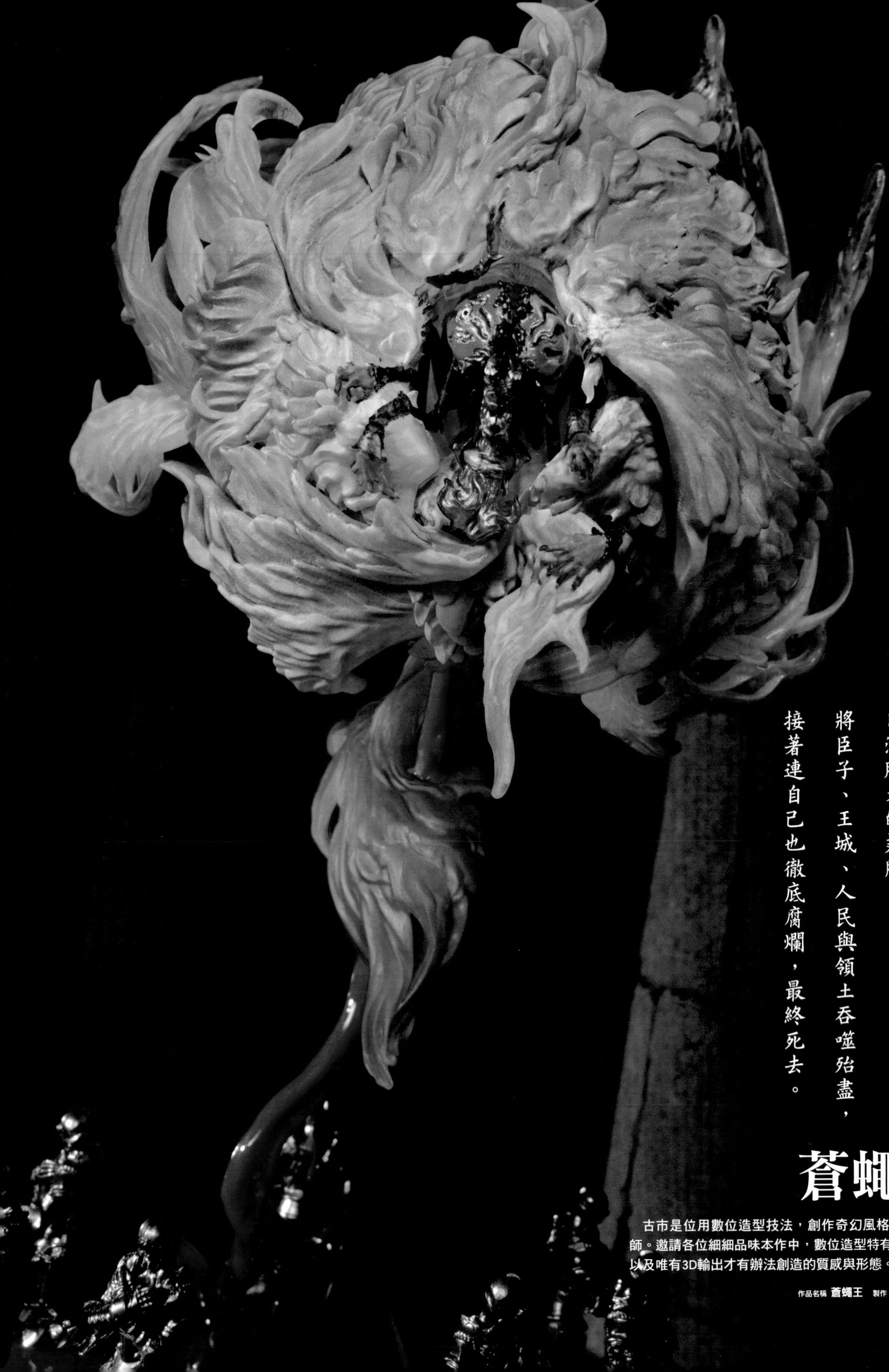

誕生自血泊王冠的蒼蠅王。
日漸肥大的翅膀
將臣子、王城、人民與領土吞噬殆盡，
接著連自己也徹底腐爛，最終死去。

蒼蠅王

古市是位用數位造型技法，創作奇幻風格生物的原型師。邀請各位細細品味本作中，數位造型特有的細膩感，以及唯有3D輸出才有辦法創造的質感與形態。

作品名稱 **蒼蠅王** 製作・撰文／古市竜也

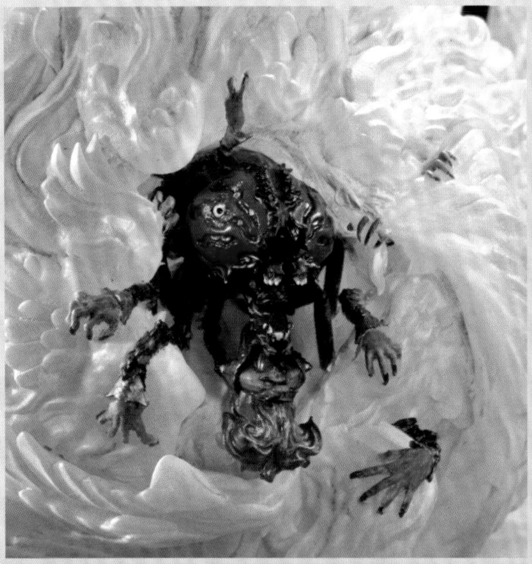

古市竜也（ふるいちたつや）
原本只是當作兒時玩黏土的進階版而自學模型製作，因緣際會結識形形色色的人並得到他們的幫助，才得以走到這一步。一年前開始學習數位建模，以「ダブルドラゴン」名義參加「Wonder Festival」等活動。

惡魔：DEMON

原型師丹羽俊介，平時以怪獸GK模型品牌「モンスターメーカー·28」為名義進行模型製作工作。以模型品牌名義活動時，主要的製作項目為東寶怪獸，這次難得以「惡魔」這個直截了當的主題，創作出在他平時作品中沒有機會看到的奇幻生物造型。

作品名稱 **惡魔：DEMON** 製作／**丹羽俊介**

丹羽俊介（にわしゅんすけ）

怪獸GK模型品牌「モンスターメーカー·28」負責人。平時以品牌名義接受版權商品的製作委託，內容以怪獸造型為主。同時也多次前往「Wonder Festival」等活動展出作品。

蛇般若

由特殊造型師麻生敬士所創作的「蛇般若」。本作將般若這個傳統的主題，透過獨特的創意手法來表現，不僅讓人感受到麻生高超的造型能力，同時也讓人們有機會好好注意到，時常被人們認為老掉牙而忽略的古典設計的魅力。

作品名稱 蛇般若 製作／麻生敬士

麻生敬士（あそうけいじ）

特殊造型師。先是擔任怪獸造型的工作人員，參與特攝作品的製作，之後以自由造型師的身分從事特殊化妝，並於造型工作室參與電影與廣告製作。回到大阪後，製作主題公園與各色活動相關的造型作品，同時以『アソウゴム工芸』名義製作個人作品。

參與過的主要作品有《超人力霸王梅比斯&超人兄弟世紀之戰》、《假面騎士THE NEXT》等。

blog https://ameblo.jp/livingdeadpower/
SNS https://www.instagram.com/asokeiji/
https://www.facebook.com/asosculpture
https://twitter.com/asomegane1

作品解說 1

P12-13
紅色神像與信眾
製作・撰文／米山啓介

我也跟大家一樣猶豫過，不知道要選擇怎樣的創作主題，後來就憑著作品規定「想做什麼都可以自由創作」這句話，最後我用自己的夢境為基礎，編織出「意外闖入了異世界，在那裡看到異形般的雕像」的情景，並且以立體透視模型（diorama）的風格來呈現。

紅色神像是本作的主角，運用我一直很想嘗試的前衛時尚元素。設計時我想要既簡約又深具特色的輪廓，同時又莫名散發一種宗教的味道。顏色方面則直接使用大紅色，特意要做得引人注目。至於後方那些像是信眾的人們，是我直接將以前製作的成品經過些許加工後複製而成。這些人象徵著意識已經化為骸骨，手腳與感官都已退化，形狀變得彷彿金針菇一般。

作品尺寸／長23cm×寬30cm×高47cm
首次發表／月刊Hobby Japan 2018年7月號

P14-15
The Neo ParaNoize
製作・撰文／米山啓介

我到底要做怎樣的作品？想做出怎樣的作品？我一直苦苦思索，結果到最後還是想不出來。可是時間是不等人的，我只好一邊動手做一邊想。這時我做出的東西莫名散發出一股神明般的感覺，因此我就加上簡單易懂的元素，把它設計成有許多隻手的外觀。如果只是普通的手會很無聊，所以我做成像損壞的雨傘傘骨那樣，骨骼散亂零落的樣子，強調異形的味道。關於這一點，雖然它是自然界不可能存在的形態，卻需要確實帶有自然生物所具備的說服力，這就是我特別講究的製作重點。

再來就是不斷進行各種嘗試與修正，一下加上這個、一下去掉那個，慢慢地找到一個比較適當的狀態，總算大功告成。

上色方面，我使用噴漆和用筆塗的方式上不透明壓克力顏料，不時再上一些Citadel Colour。

作品尺寸／長20cm×寬45cm×高53cm
首次發表／月刊Hobby Japan 2019年11月號

P16-17
木乃伊
製作・撰文／佐藤和由

我經常使用克蘇魯神話作為造型時的創作概念，而接到這次的通知時，我恰好正在製作這個作品。我心想，好歹我也替這個作品想出了一個完整的故事，應該蠻適合刊登在H.M.S.的吧？於是就用九頭龍木乃伊來投稿了。

創作靈感源自我在網路上看到兔子做成的木乃伊骸骨，牠的耳朵掉落，嘴巴四周的毛卻特別茂盛，我當下的感想是「好有克蘇魯的感覺」，於是我馬上將創作概念轉換為，寺廟裡代代相傳的人魚或河童之類的木乃伊。材料方面，我使用La Doll來製作，細部則用AB補土來雕塑。

作品尺寸／長25cm×寬25cm×高10cm
首次發表／月刊Hobby Japan 2018年8月號

P18-19
章魚地藏
製作・撰文／佐藤和由

本作以大阪岸和田天性寺所流傳的「章魚地藏」奇談為創作主題［大阪南海電器鐵道南海本線的「蛸地蔵驛（章魚地藏站）」站名］再來，另一個主題則是克蘇魯神話（我想懂的人一看就能明白了）。

大章魚的製作方式是，將報紙揉成圓球狀作為內芯，再使用La Doll的石粉黏土製作，眼球部分直接利用百元商店的聖誕節裝飾。法師所乘坐的手掌，也是參考我自己的手，再用La Doll製作而成。法師的製作材料是AB補土，旁邊一大群的小章魚則是使用美國土。

作品尺寸／長25cm×寬15cm×高25cm
首次發表／月刊Hobby Japan 2020年4月號

P20-21
蒼蠅王
製作・撰文／古市竜也

當初是計畫做隻小雞國王，結果做成了複眼，本該有的鳥喙也不見了，手腳全都變成了蒼蠅的模樣。

感覺外形有點太搖擺不定了，這讓我感到不安，所以另外做了一隻「蒼蠅騎士」。

我用Zbrush膽顫心驚地做了一個成品，要是我當初能分辨輸出後哪些部分會消失、哪些部分會保存下來的話，或許就能再多使把力了。還有我那一目了然的塗裝技術……今後我還要持續精進！

作品尺寸／長13cm×寬13cm×高25cm
首次發表／月刊Hobby Japan 2020年3月號

P22-23
惡魔：DEMON
製作・撰文／丹羽俊介

本作參考西方惡魔的形象，原本是以巴風特（Baphomet，羊頭惡魔）的模樣為基礎，不過最後的成品比較偏向80～90年代的怪獸電影風格，而不是宗教神像的感覺。

造型方面，剛開始製作時是以巴風特的形象為依據，但我覺得與其說是人們膜拜的對象、那種神聖（？）的意象，我想做的更接近西方恐怖電影裡的怪物，所以這時我把腦海裡的意象全部添加進去。那個時期的電影帶給我形形色色的靈感……這個作品是在向它們致敬……或者其實是戲仿？剩下的就是和美國土搏鬥了！

作品尺寸／長20cm×寬20cm×高35cm
首次發表／月刊Hobby Japan 2020年6月號

P24-25
蛇般若
製作・撰文／麻生敬士

般若既是眾所皆知的傳統設計，也已然成為一種既有的符號，因此每個人都會從般若身上感受到不同的魅力。我本身是影像領域第一線的特殊造型人員出身，本作運用許多我在第一線獲得的靈感與技巧進行創意改造，製作出帶有我自身風格的獨特般若。

製作手法方面，使用黏土雕刻並翻模，再以乳白樹脂成形。塗裝時運用帶有透明感的成形色。雕刻方面，盡可能不用太過寫實的方式呈現皺褶與骨骼，避免破壞般若假面特有的線條。

作品尺寸／長30cm×寬21cm×深18cm
首次發表／月刊Hobby Japan 2020年11月號

H.M.S.

CHAPTER 2
奇妙的造訪者

上至古代神祇下至老婆婆，如同噩夢般的奇幻生物饗宴。
時而令人恐懼、時而優美的13篇作品。

VASSAGO

作實方一渓為自由商業原型師，參與無數角色模型的原形製作。他一改平時將角色實體化的工作模式，直接順著腦中的形象，製作出從以前就一直很想做做看的怪異惡魔。造型既細膩又充滿力量，請各位細細欣賞。

作品名稱 VASSAGO（ヴァッサゴ） 製作／實方一渓

實方一渓（じつかたいっけい）

平日為自由商業原型師，在「Wonder Festival」等活動場合則以「怪奇造型堂」的攤位名稱進行販售。

FRANKEN GORILLA

實方一渓的第二部作品。和前作大相逕庭，搖身一變為13cm的小巧作品。將作品隔著鐵門來呈現的獨特設計，讓人感受不到作品是如此玲瓏，成功營造令人印象深刻的視覺效果。

作品名稱 **FRANKEN GORILLA** 製作／實方一渓

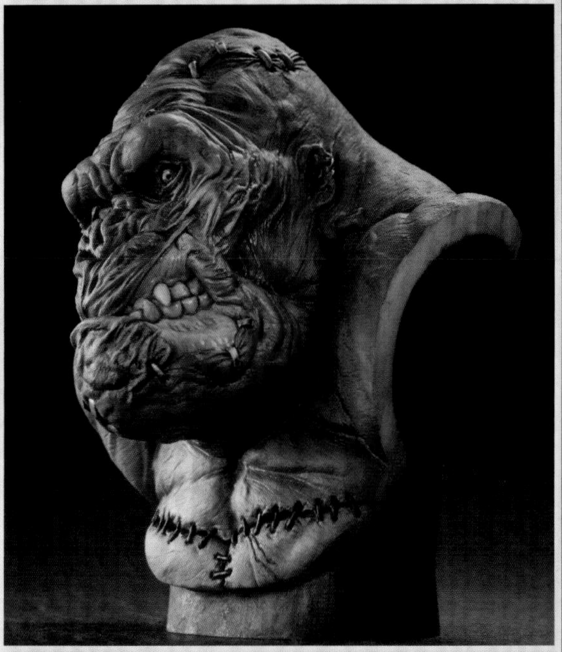

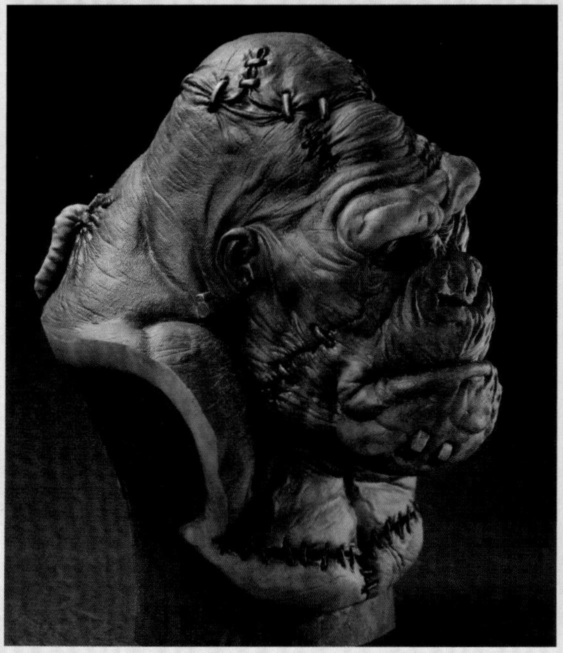

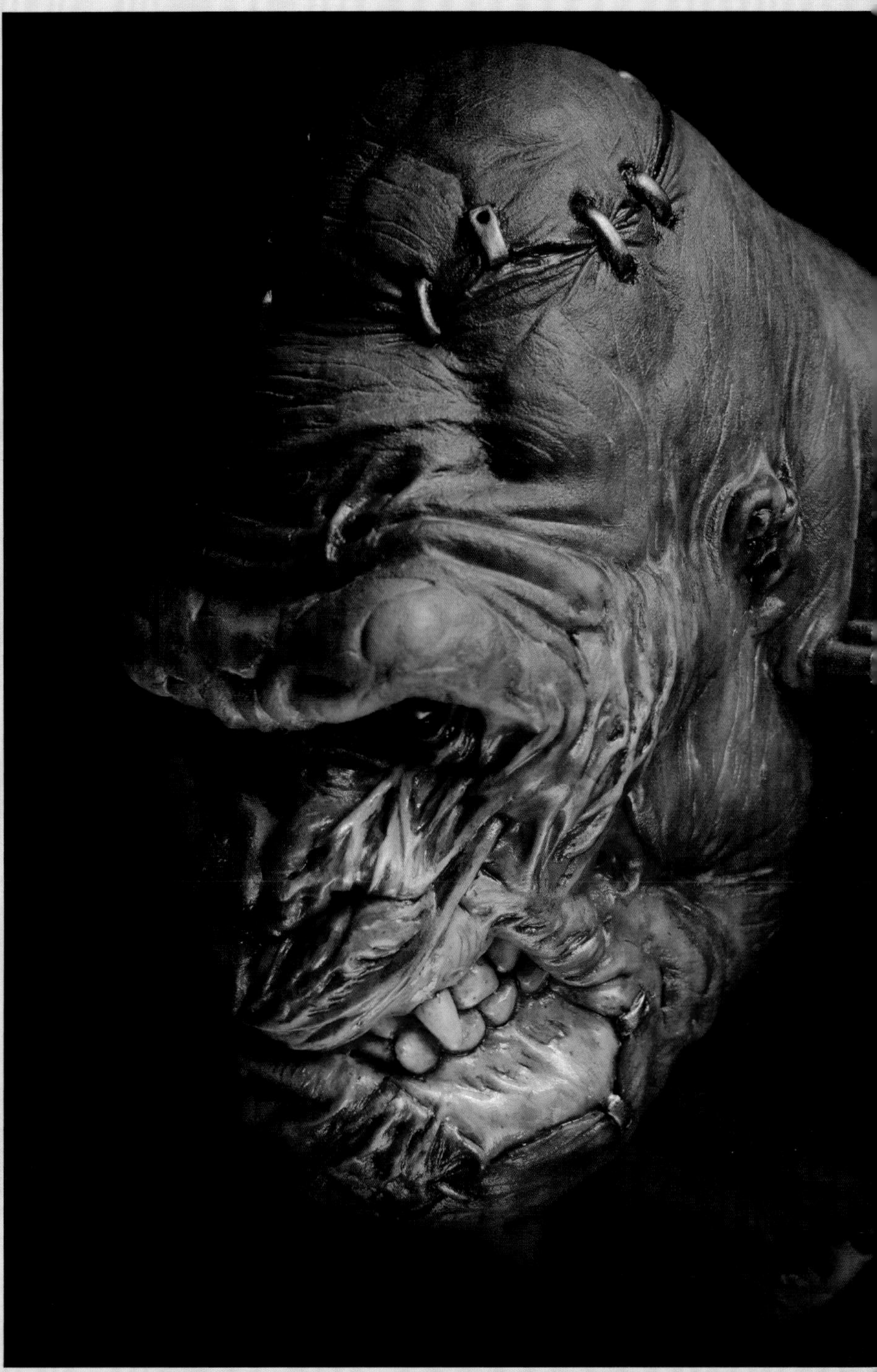

深界的藍調

福田浩史平時使用的名義為「クダフ ロミ」，以平成哥吉拉系列最具象徵性的怪獸「碧奧蘭蒂」，吸引了眾多怪獸GK模型玩家的目光。敬請享受由他製作的、孤獨的深海生物所帶來的奇幻世界。

作品名稱 **深界的藍調** 製作／**福田浩史**

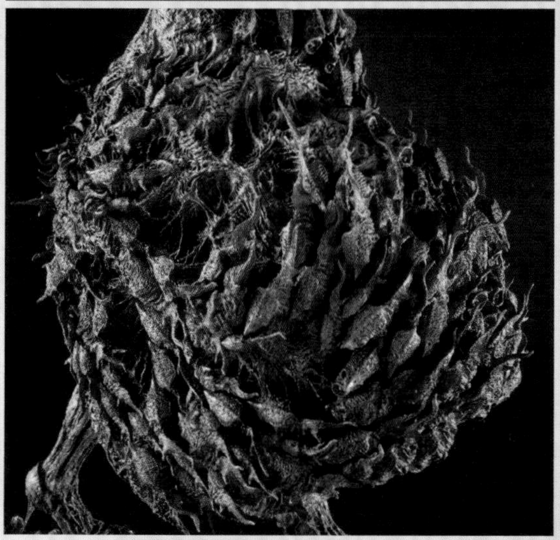

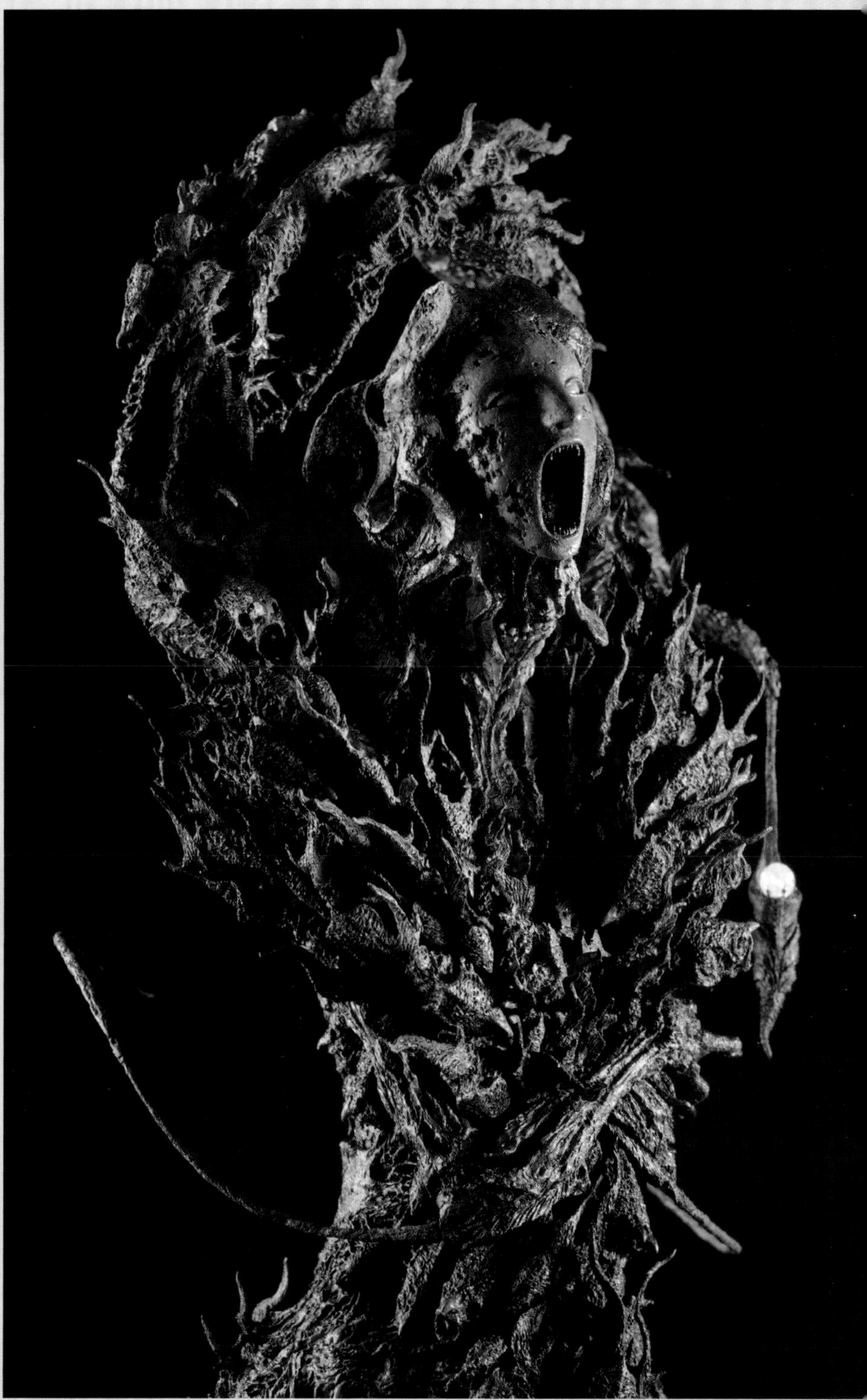

福田浩史（ふくだひろふみ）

於各色造型活動場合，以「クダフ ロミ」之名進行活動。同時也跨足商業原型與異界合作，不斷拓展領域。

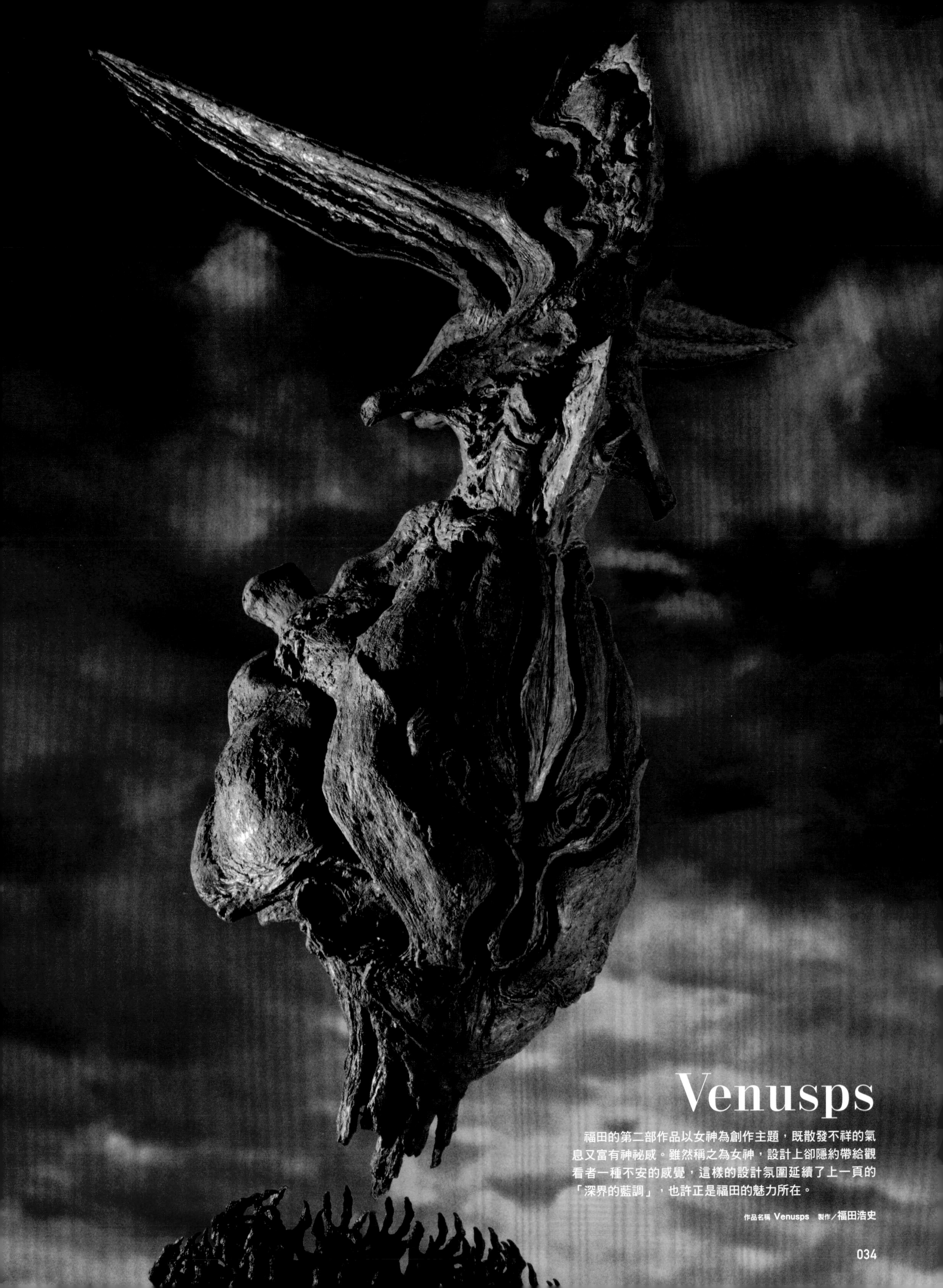

Venusps

福田的第二部作品以女神為創作主題，既散發不祥的氣息又富有神祕感。雖然稱之為女神，設計上卻隱約帶給觀看者一種不安的感覺，這樣的設計氛圍延續了上一頁的「深界的藍調」，也許正是福田的魅力所在。

作品名稱 Venusps　製作／福田浩史

B.B. Black sun and the Bloodmoon

伊原源造曾經擔任寬山宏與竹谷隆之等一流造型作家的助手，目前作為自由造型師從事模型製作工作。本作是他帶來的原創作品。他將影響自己的多種元素全部融合進去，造型上既細膩又富有力量。

作品名稱 -紅色鬼影- 製作／伊原源造(源工房)

伊原源造（源工房）（いはらげんぞう）

自由造型師。擔任過寬山宏與竹谷隆之的助手，之後從事影像方面的造型製作，以及各種商業原型與模型雜誌製作示範。於各種造型相關的活動場合中，以源工房（舊名為ドラングドッグワークス）的名義進行活動。

It's

百武朋是一名於電影與電視等影像方面，活躍於特殊化妝與特殊造型領域的藝術工作者。本作以百武的故鄉蛸之濱（蛸の浜，意指章魚海岸）為舞台，描繪令人顫慄卻又哀傷的少女，與「它」之間的故事。

作品名稱 「It's－蛸之濱－」 製作／百武 朋

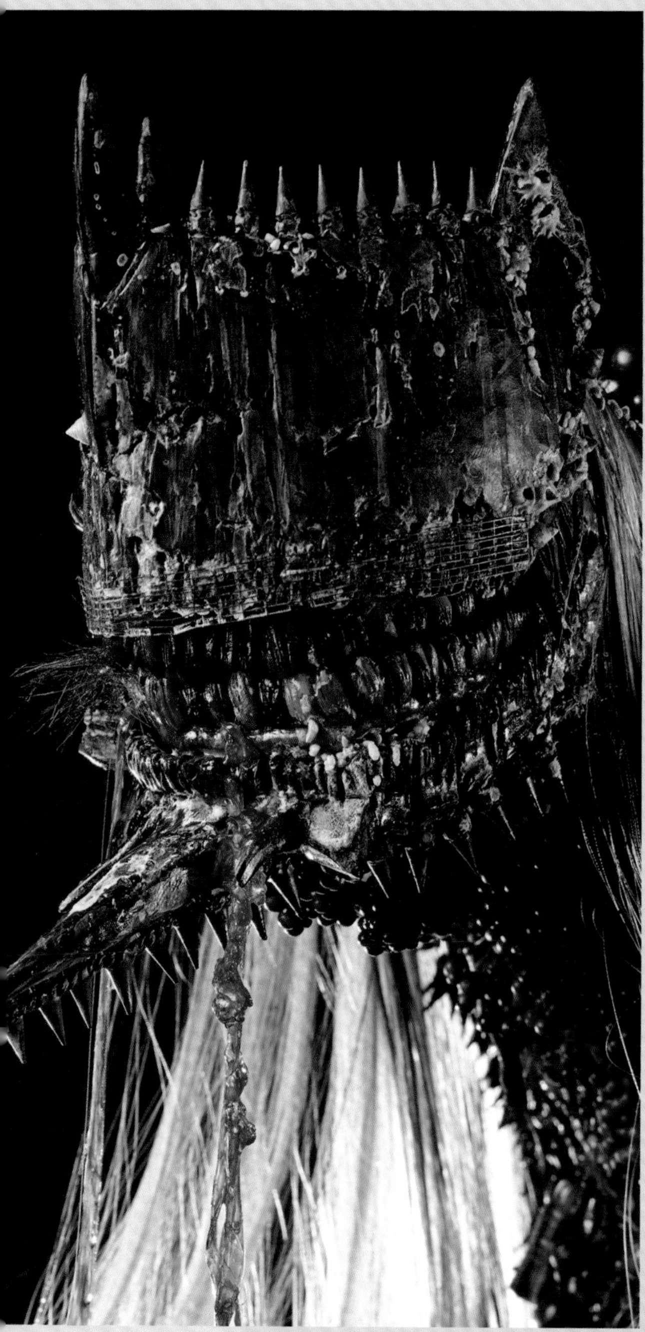

百武 朋（ひゃくたけとも）

從事特殊化妝與角色設計。2004年設立百武工作室（股分有限公司）。近年參與的作品有《犬鳴村》、《新超人力霸王》等。

攝影／小松陽祐（ODD JOB LTD.）

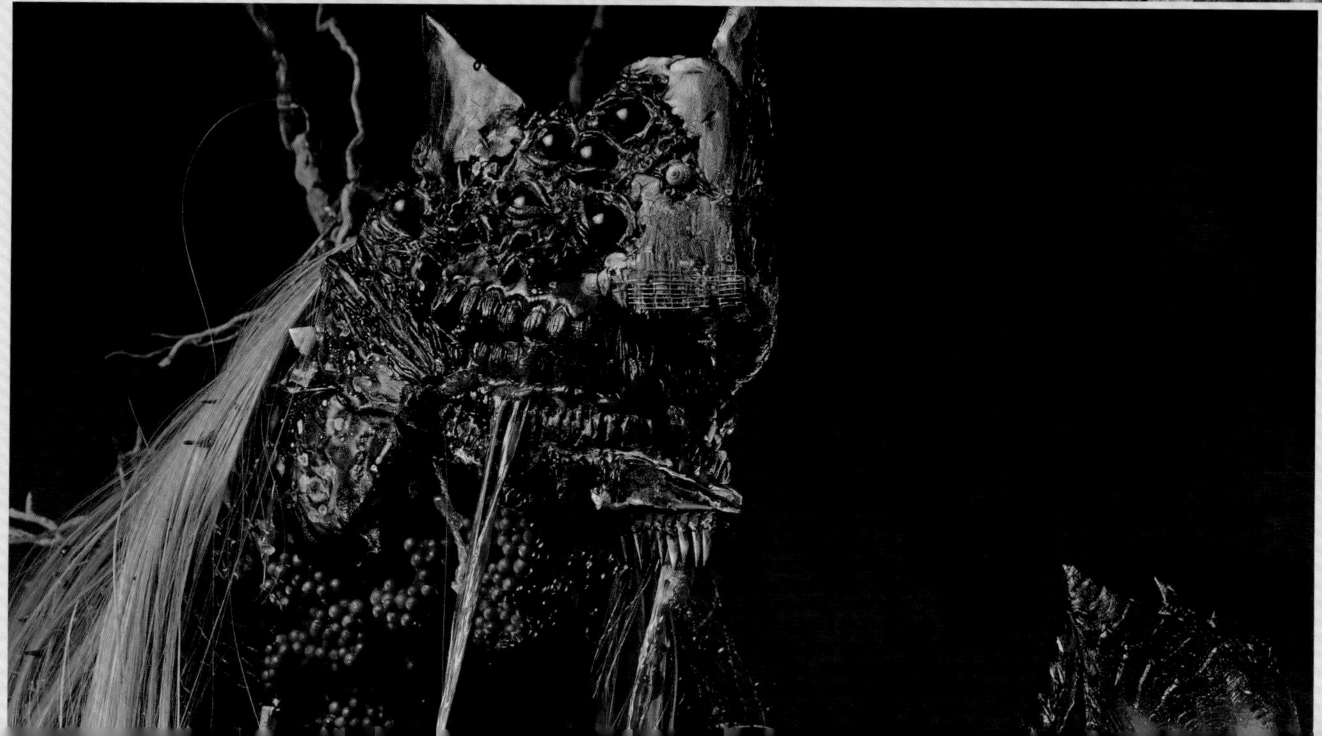

It's 2

以特殊化妝師與設計師的身分發光發熱的百武朋第二部作品。本次也以他的故鄉岩手縣為舞台，在他的奇幻風格下，將哀愁的異形身影實體化。

作品名稱「It's－淨土之濱－」　製作／百武 朋

攝影／小松陽祐（ODD JOB LTD.）
攝影協助 東京電影・演員&播映藝術專門學校

"Roman_Tech_Machine LIBERATOR"

階梯無論向上走、向下走，都是人世與另個世界的分界點。
前方有扇厚重的門扉，這是通往另一側的第一座大門。
用力推開這扇門，前方等著你的是天上的樂園，還是地下冥府通道？

大前輩小林義仁登場。他曾參與過可謂是「H.M.S.」原點的「S.M.H.」雜誌。目前隸屬於MAX FACTORY。製作原創角色可說是原型師小林的畢生志業。

作品名稱 "Roman_Tech_Machine LIBERATOR"
製作・撰文／小林義仁（MAX FACTORY）

小林義仁（こばやしよしひと）

自從有記憶開始，便彷彿呼吸一般，持續沐浴在各個時代的多種流行文化當中，因此也宛如吐氣地將各式作品實體化，並將此視為永恆的畢生志業。還請各位多加支持。

荒漠青蛇Lamia

暱稱為おぐら ゆい的ゆっちん，是怪獸GK模型界罕見的女原型師。由於她以平成摩斯拉系列為主題的作品為人所知，再加上以為現在連H.M.S.也想用女性化的可愛風格來進攻新客群，於是本次帶來了與她平時風格有些不太一樣的奇幻生物作品。

作品名稱 荒漠青蛇Lamia　製作／おぐら ゆい（ゆっちん）

おぐら ゆい（ゆっちん）

2017年開始以「すいかクラブ」的攤位名稱進行活動，內容以怪獸造型為主。在造型領域的活動上，持續發表東寶怪獸（平成摩斯拉系列）的新作品。

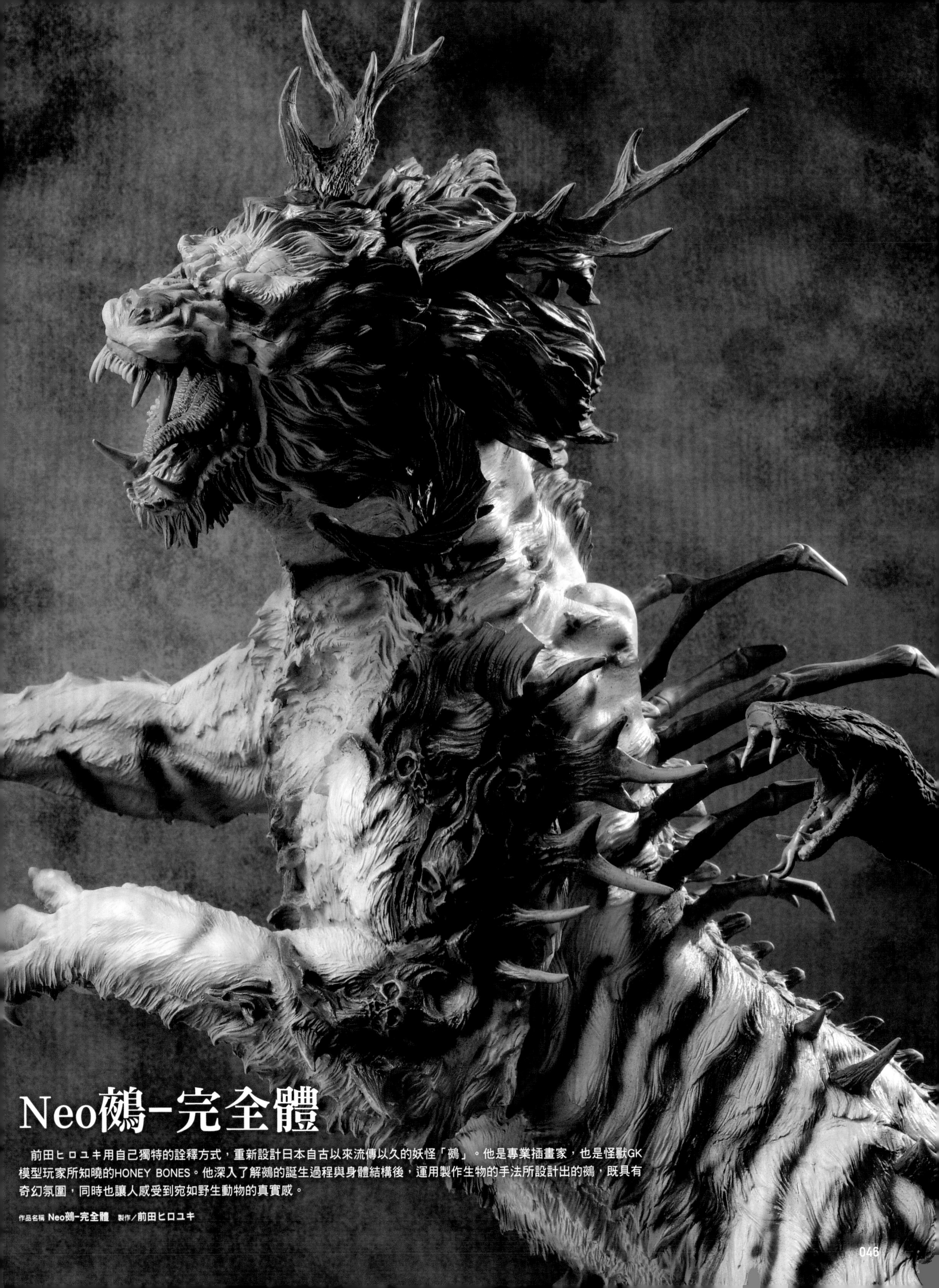

Neo鵺-完全體

前田ヒロユキ用自己獨特的詮釋方式，重新設計日本自古以來流傳以久的妖怪「鵺」。他是專業插畫家，也是怪獸GK模型玩家所知曉的HONEY BONES。他深入了解鵺的誕生過程與身體結構後，運用製作生物的手法所設計出的鵺，既具有奇幻氛圍，同時也讓人感受到宛如野生動物的真實感。

作品名稱 Neo鵺-完全體　製作／前田ヒロユキ

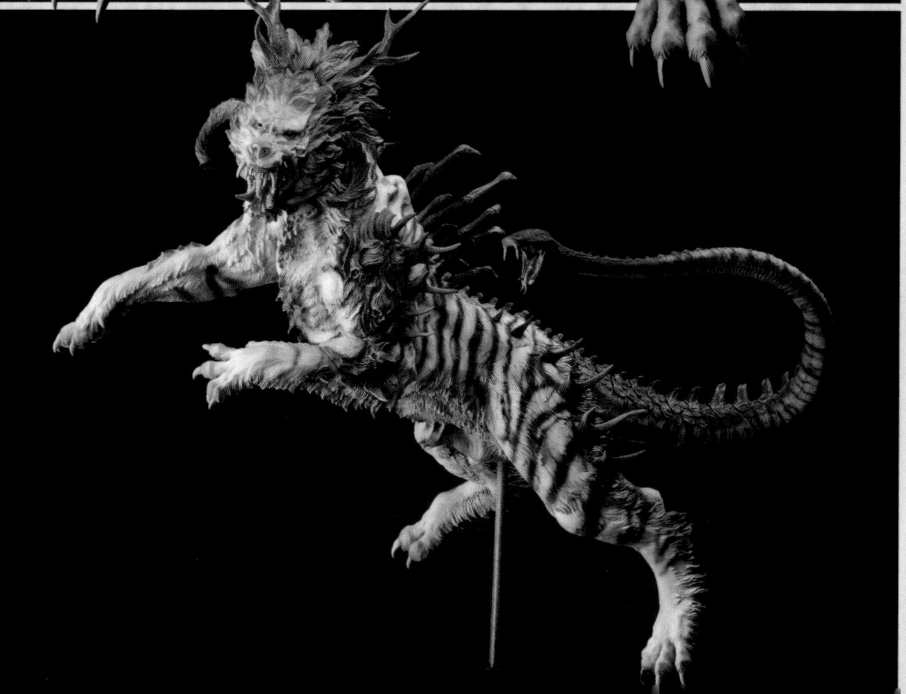

前田ヒロユキ (まえだひろゆき)

插畫家、角色設計師。任職於社群媒體的遊戲公司。曾創設GK模型品牌「HONEY BONES」。

Old Hag

翻開這頁的瞬間，相信很多人都被映入眼簾的老婆婆嚇到了吧？這個可怕的老奶奶，是出自特殊化妝師吉田茂正之手。他擅長化老人妝，運用特殊化妝的材料，將怪裡怪氣的鄰居婆婆實體化。

敬請細細品味這個超寫實的造型作品。

作品名稱 Old Hag　製作／吉田茂正

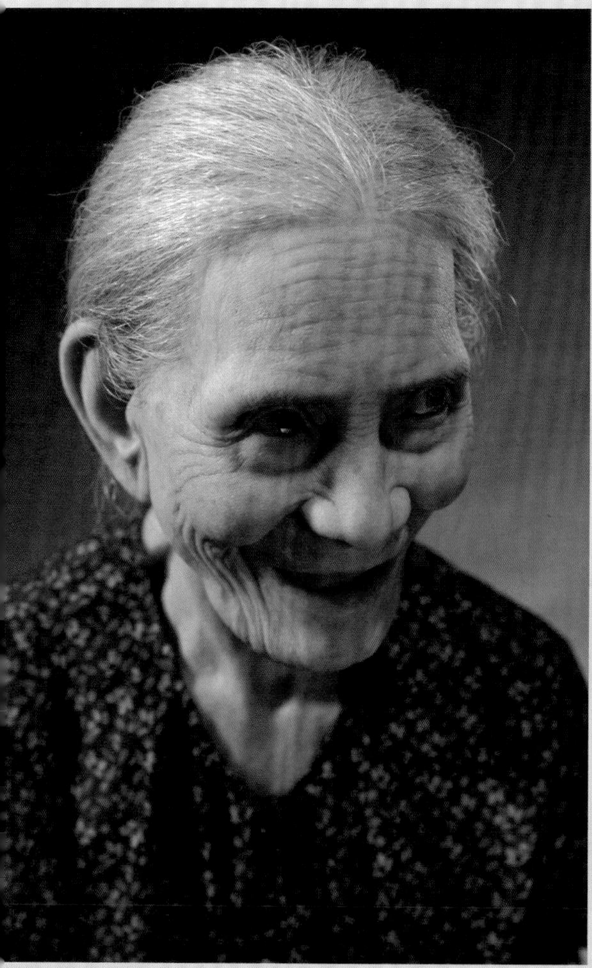

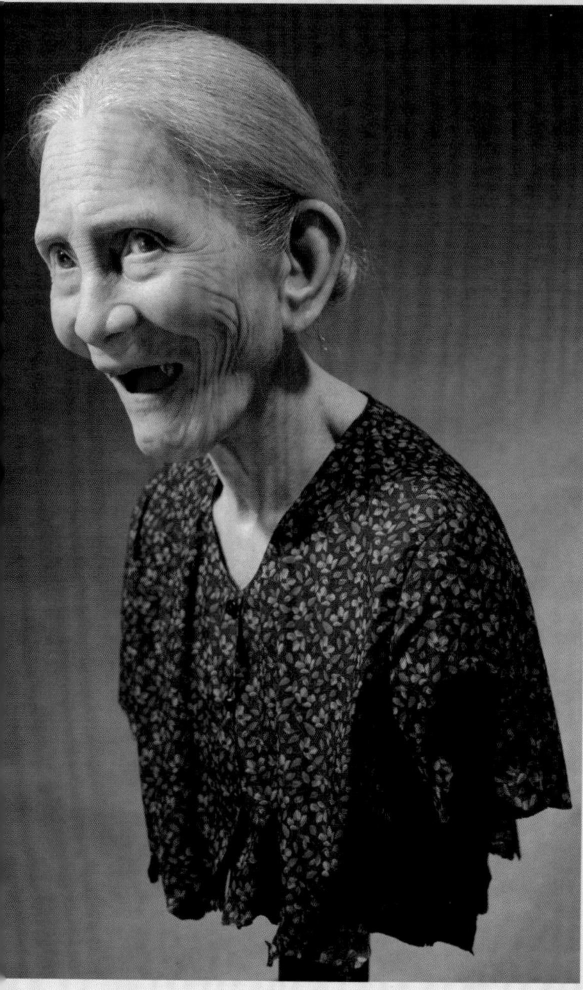

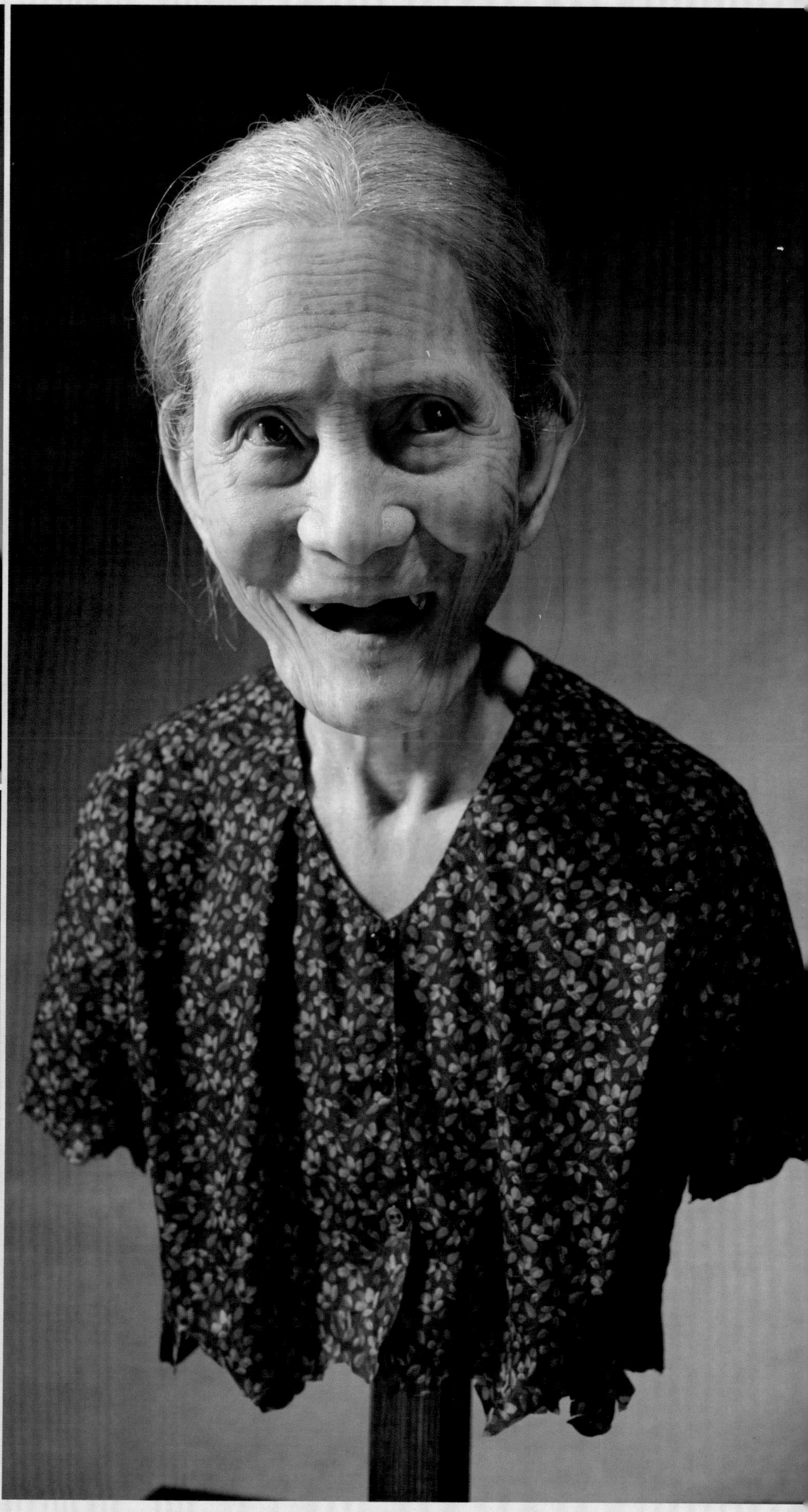

吉田茂正（よしだしげまさ）

SIG EFFECTS代表。涉足領域極廣，包括特殊化妝、特殊造型與博物館的模型修復等工作。
HP : sigeffects.com

惡龍鎧姬絡緣起繪卷

加藤裕隆平時以「怪獸ショップてつ」的名義活動，除了進行GK原型製作外，也同時擁有人偶作家的身分。由他獻上的「惡龍鎧」，是以巨大的立體透視模型為基礎，搭配獨特的傳奇小說式的故事內容，充滿魄力的逸作。順帶一提，其實也有人把陰森的怨靈惡龍鎧製作成人類可穿著尺寸的裝束，有機會真要拜見一下。

作品名稱 惡龍鎧姬絡緣起繪卷　製作／怪獸ショップてつ

怪獸ショップてつ（かいじゅうしょっぷてつ）

以「讓人感覺不舒服」為創作核心，製作模型與舞台劇人偶的人偶製作者。

從前從前，在一個遠離繁華都市的寧靜地區，
有個以養牛為業的小村莊。

在這個和平的村莊裡，卻有一名總是無法和人和諧相處的少年。
少年的問題行為惹怒許多村民，彼此的衝突一觸即發。
村中長老於是命令少年帶著公牛搬到隔山居住，
等到牛成長茁壯後再將其帶回。這樣做既能避免村內的對立，
又能替放牛人減輕負擔，可謂一石二鳥的妙計。

村莊恢復往日的平靜，大群母牛替人類勞作，村子變得興盛繁榮。
經過長久的歲月，少年已然老去，原本熟識他的人都不在了。
儘管如此，他還是每年帶著成長茁壯的公牛現身村裡，
和村民換取小公牛後，便回到隔山去。

有一天，村裡來了一名年輕男子。
他說：「我從城都動身的途中，
在山頂看到有鬼怪正要襲擊這個村子，我把它擊退了。」
男子向村莊要求供奉妖怪與謝禮後，速速離去。
後來，這個村莊再也生不出小牛，就此衰敗。

PATERNAL

本作帶來了一則頗富民間傳說色彩、縈繞著哀愁與殘酷的故事，以及故事中放牛人的少年時期和一頭牛。因少年所背負的悲傷命運而給人惆悵印象的本作，來自原型師竹內しんぜん之手。希望各位能充分品味，運用壓倒性的寫實風格所製作而成的牛隻，以及竹內作品中罕見的、由動物與人類共同交織出的神祕氛圍。

作品名稱「PATERNAL」（パターナル） 製作・撰文／竹內しんぜん

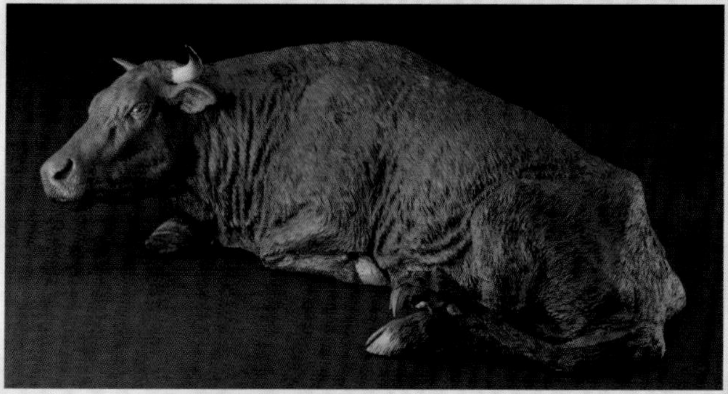

竹內しんぜん（たけうちしんぜん）

作品領域主要是恐龍與怪獸等生物類的造型，以SHINZEN（SHINZEN造型研究所）名義進行GK模型的原型製作。

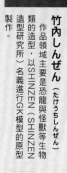

作品解說 2

P28-29

VASSAGO

製作・撰文／實方一溪

由於本企劃可以自由創作任何作品，我就決定用「從漫漫長眠中甦醒的巫師」的概念來創作角色，這是我從很久以前就一直很想嘗試的主題。故事的時空背景是，在一片茂密森林的最深處、某個古代遺跡中復活的那一刻。製作材料方面，本體使用美國土、AB補土、布、蛇皮皮革、首飾類物品等，背景的遺跡瓦礫則使用水泥，還有把之前的作品重新塗裝成像石像的樣子。頭部則參考自河馬的頭蓋骨。至於標題VASSAGO是個惡魔的名字，我感覺很貼近本作的意象，於是就取了這個名字。

作品尺寸／長26cm×寬35cm×高45cm
首次發表／月刊Hobby Japan 2018年8月號

P30-31

FRANKEN GORILLA

製作・撰文／實方一溪

就在我考慮第二個作品要做什麼的時候，看著放在桌上裝飾的BILLIKEN商會的科學怪人，突然想用科學怪人當概念來創作看看，思索良久後，從科學怪人的眉骨線條聯想到大猩猩，於是決定和大猩猩組合在一起，把右臉設計成悲傷的表情、左臉是生氣的表情，讓人從不同角度觀看有不一樣的感覺。各位覺得如何呢？

關於原型製作方面，最近我從手工製作轉為數位製作，因此一直很想用數位方式來製作原型，可是輸出品的表面處理實在很麻煩，所以我還是使用美國土來雕塑。實驗室鐵門的製作方式是，將熱縮片和模型用塑膠圓棒拼貼起來，拍上水溶性液態補土並進行塗裝，最後塗上鏽紅色便大功告成。

作品尺寸／長4cm×寬10cm×高13cm
首次發表／月刊Hobby Japan 2019年11月號

P32-33

深界的藍調

製作・撰文／福田浩史

本作標題「深界的藍調」，簡單來說就是魚人的意思。我用多指鞭冠鮟鱇的生態來構思作品意象。說起多指鞭冠鮟鱇的生態，牠們要在遼闊的深海找到雌性十分困難，因此雄性一遇到雌性就會合體並融合為一。於是我便把創作焦點放在「雄性成為雌性的附屬品」的概念並進行延伸，這就是我的製作重點。

我想塑造出讓人看久了會感覺不對勁的形態，因此便從原本設計好的抬頭姿勢，進一步設計成向上伸展、不斷成長的氛圍，給人一種受外力向上拉長的感覺。

作品尺寸／長18cm×寬42cm×高61cm
首次發表／月刊Hobby Japan 2018年11月號

P34-35

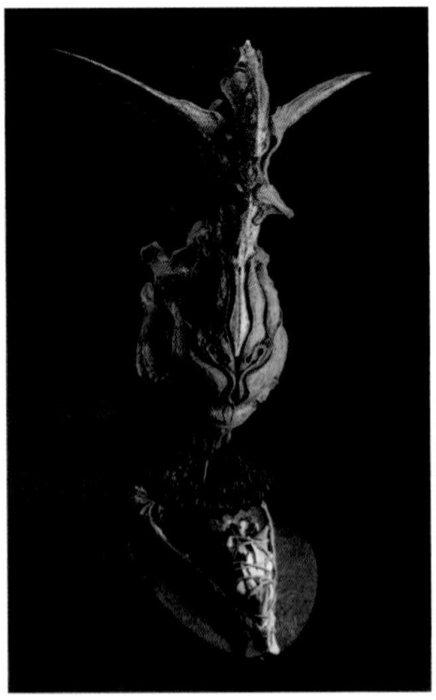

Venusps

製作・撰文／福田浩史

本次的作品名稱取自Venus（女神名）與ps（角）， 合在一起變成Venusps。設計出長角的女神，換句話說，就是將災厄化為有形的物體。

本作中的項鍊是用來替從天而降的Venusps淨化的道具（這是可以實際使用的物品），點火後散放出的薰香，具有淨化人、物品與空間的效果，Venusps會和裊裊而升的煙霧一同回到天上。

我幼年時曾經挖掘紅土來製作土器與土偶般的東西，用紙黏土來製作骨骼模型。製作這次的作品時，我深深回想起當時的情景，感覺這個作品就像仿照我過去的製作方式一樣。

作品尺寸／長20cm×寬35cm×高46cm
首次發表／月刊Hobby Japan 2020年5月號

P36-37

B.B. Black sun and the Bloodmoon

製作・撰文／伊原源造（源工房）

自古以來，人們稱之為鬼怪的生物，其實都是外星人。
他們從黑色太陽與紅色月亮高掛的天空另一端，
相隔100年再次造訪地球時，地球的樣貌已經徹底改變，
機械生命體佈滿全世界，茂盛的草木與水源枯竭，
大地荒廢，人類瀕臨滅絕。
鬼怪們和那些傢伙（機械生命體）對峙，然後……

我想像了上述的情景，製作出這樣的「鬼怪」。
主要的製作材料為塑形樹脂黏土（Sculpt Clay）、美國土、AB補土，塗裝則使用gaia color、Mr. COLOR、田宮琺瑯漆等。

作品尺寸／長30cm×寬30cm×高58cm
首次發表／月刊Hobby Japan 2019年1月號

P38-39

「It's －蛸之濱－」

製作・撰文／百武 朋

這是在我的故鄉、岩手縣蛸之濱所發生的故事。有個大我一歲的學姊不是人類，她每天放學後都回到大海去。在我國中一年級時的秋天，有一天同學的父母和老師紛紛趕往海邊，我們居住的那區人們群聚在一起，議論紛紛，我才知道原來她殺害了一名老師。她用海裡堆積的垃圾與海藻做成人形的《它（It's）》，唯有大腦部分空蕩蕩的。頭部空蕩蕩的「它」不會說話，她就決定用人類的腦漿填上去，做出屬於她的朋友。當時大人叫我待在家裡、不能出去，所以這次的作品是我根據事後聽到的傳聞所想像的情景。我聽說當時她按住「它」的手，對大人們找了一堆藉口來搪塞。

我一邊想像當時的情景，一邊用鐵絲纏繞基座，胡亂疊上輕盈的紙黏土，接著用鑄塑樹脂塗抹整體，最後再用美國土來雕刻。關於水的質感表現方面，我裁切PVC並使用熱風槍來塑形，沾上碎屑後塗上Liquitex GEL MEDIUM。上色方面，我混用了硝基漆、壓克力顏料與油畫顏料。

作品尺寸／長40cm×寬50cm×高70cm
首次發表／月刊Hobby Japan 2019年3月號

作品解說3請見P62

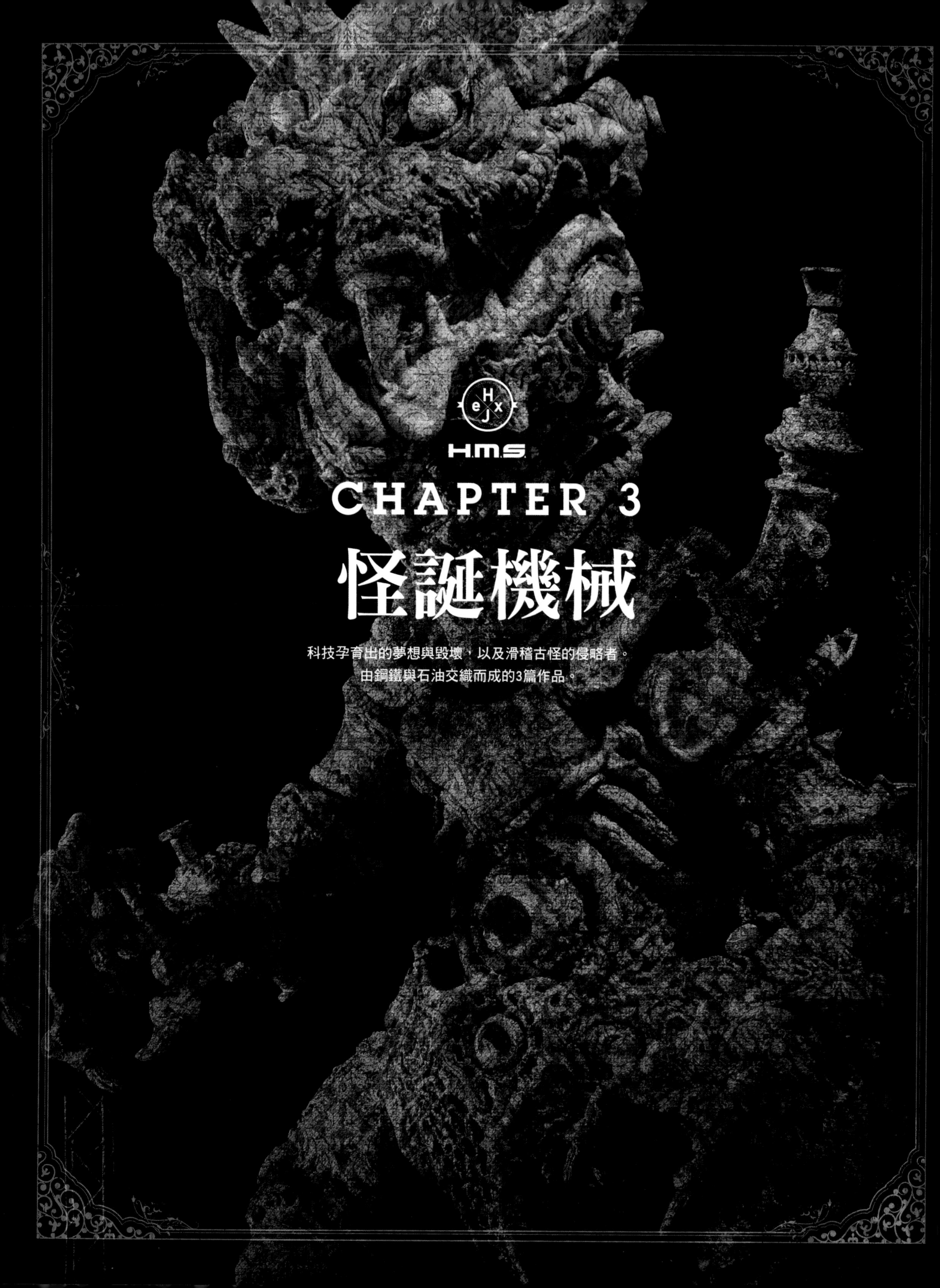

H.M.S

CHAPTER 3
怪誕機械

科技孕育出的夢想與毀壞，以及滑稽古怪的侵略者。
由鋼鐵與石油交織而成的3篇作品。

妖怪機器人怪獸 水虎1號

平時用「ねんど星人」名義活動的RYO，以怪獸與動物主題的作品受到矚目。融合細緻的造型與大眾式的品味，他獨特的作風於本次的原創模型熱烈迸發，擁有讓大人小孩都著迷的不可思議魅力。

作品名稱 **妖怪機器人水虎1號** 製作／**RYO**

RYO

擅長製作怪獸與動物主題的新生代原型師。2015年開始以「ねんど星人」的攤位名稱，參加「Wonder Festival」等活動。

元内義則（もとうちよしのり）

GEN MODELS代表。製作的造型作品類型廣泛、種類不拘，從小道具／微縮模型／微縮模型套組到定格動畫用的戲偶皆有。

nostalgia

這裡我們稍微換換口味，來感受一下由二戰前日本鐵路技術所打造的「超特急」Pacifics第7型蒸汽火車，體會一望無際、遼闊大陸的浪漫。製作方面，元內義則運用的材料種類廣泛，包括影像作品專用的小道具和微縮模型套組等。由於製作當時他處於特別繁忙的時期，本作是到攝影當天的早上才進行塗裝工作，但成品的效果讓人完全想不到只用了幾個小時塗裝。如果還有其他機會，真要再次領教一下他的塗裝技術。

1/22.5比例 作品名稱 **nostalgia** 製作／**元內義則**

機械生命體 饕餮

伊原源造第二次登場帶來的是一個巨大的機械生命體，和P36的「－紅色鬼影－Black sun & the Blood moon」處於相同的世界。運用漂流木、金屬與骨頭等五花八門的素材，表現出它不斷吸收所有物體、樣貌持續改變的詭異模樣。

作品名稱 **機械生命體 饕餮** 製作／**伊原源造（源工房）**

作品解說 3

P46-47

Neo鵺－完全體

製作・撰文／前田ヒロユキ

我去查鵺的資料得知學者研判鵺的原型是來自晚上發出「咻咻」的詭異叫聲的鳥類「虎斑地鶇」，但我看武者繪之類的畫作中，鵺的頭部是猴子，身軀是狸貓或老虎，尾巴是蛇或狐狸，甚至有的還長著羽毛，自古以來存在著各種不同的形態。到底是為什麼？難道鵺是結合多種動物的合成獸嗎？前田的妄想如下：首先有種未知的生物吞食猴子而獲得牠的知識，接著吞下蛇而得到牠的毒牙，再吸取老虎的身體，接二連三地擁有各種生物的特徵。所以鵺這個物種的樣貌會因吸收的物種而異，發展出各式各樣的形態。到了最後，襲擊的對象就是人類了！就像這樣，我滿懷喜悅地一步步建構出我自己心目中的鵺。

關於這次的設計，頭部是猴子與狼的綜合體，配上鹿與水牛的角，身體部分是老虎的驅幹、馬的頸椎和獅子的鬃毛。大蛇的骨骼則從脊椎轉變為背鰭。肩胛骨附近則長著反轉的肋骨關節，之後應該會長成翅膀。肩膀部分則用至今吃掉的人類頭骨來表現出怨靈的感覺。色調方面，以白色為基調來表現出神聖感，臉部則用公家（譯註：日本古代貴族與高官的統稱）的妝感作為形象依據。

最後的成品和原本鵺的形象有很大的不同，如果各位能樂在其中，那我的目的就達到了。因為平常我的工作是畫插畫，所以本作的製作步驟是先從動物素描開始，一步步想像出作品全貌，造型總共用了兩個月的時間，我也同樣素描了兩個月的時間，這樣的製作經驗還是第一次。對我來說，成品已經充分將創作主題發揮得淋漓盡致，我很滿意。

作品尺寸／長40cm×寬70cm×高76cm
首次發表／月刊Hobby Japan 2019年8月號

P48-49

Old Hag

製作・撰文／吉田茂正

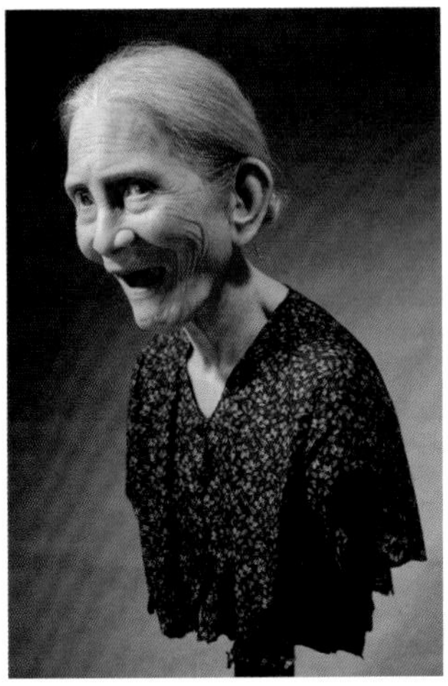

最近每晚都會聽到吵人的貓叫聲。今天甚至比平時更大聲……

稍微往外看一眼，結果卻不小心看到不該看的東西……

大概就是這樣的意象吧。

我是吉田，從事特殊化妝工作。特殊化妝還細分成許多類別，我最擅長的是老人妝，所以這次就製作了一位老太婆。

我用NSP（造型用黏土）製作原型。成型部分，表皮是用矽膠，內部是樹脂製的內芯。以聚脂樹脂製作義眼，頭髮混合使用牡牛毛和真人頭髮。眉毛與睫毛則以美洲水貂的毛植入而成。

作品尺寸／長25cm×寬30cm×高50cm
首次發表／月刊Hobby Japan 2020年8月號

P42-43

"Roman_Tech_Machine LIBERATOR"

製作・撰文／小林義仁（MAX FACTORY）

"Roman_Tech_Machine LIBERATOR"是我10多歲時開始持續構思的故事，也曾在S.M.H.雜誌發表過，可以說是畢生志業般的作品。這次的作品彷彿是我在經過一段時間的沉澱後，於現在這個時間點所得出的答案。在造型的過程中，我反覆將設計與形狀淬鍊得更臻完美，充分享受將內心構想實體化的樂趣。

作品尺寸／長27.5cm×寬28.5cm×高47cm
首次發表／月刊Hobby Japan 2019年6月號

P44-45

荒漠青蛇Lamia

製作・撰文／おぐら ゆい（ゆっちん）

本次製作的是希臘神話中的Lamia。希臘神話中的Lamia是個人面蛇身的怪物，但我很想製作蛇的頭部，所以構思出了這個從大蛇背後長出女性身體的生命共同體Lamia。女性負責思考戰術，大蛇負責攻擊，以這樣的職責分配來迎擊入侵牠地盤的人。我想把女性身體做成像特攝怪人的樣子，因此讓她戴上蛇型頭盔。胸部、手腕、臀部等部位，則添加一層薄薄的蛇皮紋理。

至於女性身體與大蛇的連接處，一樣搭配這次的主題「蛇」的概念，想像了無數條蛇的模樣。大蛇的頭部則添加了龍和狗的元素。我從小就很喜歡特攝裡的怪獸和怪人，我把這些元素全部塞進了這次的作品當中。

作品尺寸／長32cm×寬32cm×高31.5cm
首次發表／月刊Hobby Japan 2019年7月號

P40-41

「It's －淨土之濱－」

製作・撰文／百武 朋

這是發生在我的故鄉、岩手縣淨土之濱一個小鎮的故事。

淨土之濱有座無人島，那裡住著一群非人類的女性。時至今日，人們仍然相傳不可以到那座島去。

那件事發生在我國小六年級的時候。

當時學校裡很流行那種「變身少女動畫」，她一臉索然無味地，看著同學扮演變身少女嬉戲的樣子。

我想，她家裡應該沒有電視。

有一天，大人全都一臉嚴肅地聚集到海邊。

我問奶奶到底是怎麼回事，她說「非人種族和我們有過約定，絕對不可以唱歌，可是她們最近似乎有誰唱了歌。害得好幾名船員先是變得舉止怪異，接著便憑空消失了，惹得大家現在很生氣。」

我當時聽了非常震驚。

隔天我到學校，她沒來上學，就這樣直到畢業。

最近我不知為何想起這件事，打電話給當時的導師詢問當時的狀況。那天大人們衝進她家，看到她人正在浴室裡玩著變身遊戲，一下讓雙腳變成魚尾、一下又變回來。她大力拍響著魚鰓，玩得不亦樂乎，有幾個聽到她歌聲的大人就這樣憑空消失了。

現在回想起來，也許是因為「變身少女動畫」的緣故，讓她無法融入同學群體，所以才做了什麼不好的事。我一邊回想當時的情況，一邊雕塑美國灰土，再次製作了以前學校的同學。

作品尺寸／長30cm×寬30cm×高30cm
首次發表／月刊Hobby Japan 2020年9月號

作品解說4請見P78

CHAPTER 4
探訪異世界

從未知的星球，到異形猖狂的遙遠未來，
讓人一窺驚奇世界的6篇作品。

雙頭軍醫－Twin Heads Medic

在美術領域和嗜好領域之間來去自如的年輕藝術家──大森記詩，帶來了異形們生活在末日幻想世界的故事。想必各位也會很在意故事的後續發展。

作品名稱 **雙頭軍醫－Twin Heads Medic** 製作・撰文／**大森記詩**

我們是由殘存兵力集結並重新編制而成的，最後一批隸屬於機械化眷屬兵師的士兵。在加入北方地下深處戰區的討伐戰後，從此「擺脫」了軍務的束縛。

當我們爬出地道的時候，空氣裡的咆哮聲已然消失，世界籠罩著寂靜。已經有幾百年沒有過這樣的情景了？如今已無人知曉。應當知曉的人們──我們以眷屬身分所侍奉的主人們，早在不知何時滅絕了，所有的勢力幾乎全部滅絕了。今天，我們是按照自己的意思執行全新的任務。

我是烏達赫斯，在我旁邊常打瞌睡的是史旁麥爾。我們是有著兩顆頭、共用一個身體的前軍醫。

這次的傷患是負責防禦都市要塞的牛頭師裡的牛頭人。只有一頭活了下來。牠們遭遇的苦難簡直是筆墨難以形容。和牠們相比，連我們的遭遇都顯得極其幸運。

大地被都市要塞周圍的砲擊刨出窟窿，隨處歇坐的自動戰鬥機器殘骸，以及眷屬兵的屍骸，向我們講述這裡上演過無數次慘烈的戰鬥。遺憾的是，對於在這種條件下殘活的牠們來說，要保持四肢健全的狀態，恐怕是過於美好的幻想。根據負責收集地形情報的滴水嘴獸所帶來的目擊情報指出，僅存的那名牛頭人只剩下一隻手。希望牠能適應我們帶出來的義肢……只可惜當時我們沒有將組織培養完全，現在開始後悔了。

像牠們這樣複雜的巨大身體，如今包括我們在內，只有少數幾人有辦法治療。不過，現在我們又再度需要牠的那分怪力，加上牠們這些要塞工程兵長期修復宛如迷宮般複雜難解的都市，擁有別人難以取代的寶貴知識，以及烙印在基因當中的老練經驗。我們相信，擁有這些條件的牠，必定能成功取回埋藏在地下深處未受汙染的種子樣本。

一直以來，我們長長的手都是為了讓負傷的同胞能再度回到戰場……為了讓他們再度負傷而存在。但現在不一樣了。今後我們的手要用來重建一個新的時代，不再是一個荒蕪的時代。眷屬兵過去曾是渾沌的象徵，但接下來我們要開始建造樑柱、開鑿水井、栽植秧苗。為此，我們必須盡可能治療更多的同胞。

史旁這傢伙，又睜著眼睛睡著了。喔，牠夢到北方了。雪原上的壁壘，再過去就是列塔。對了，好像還有座鐘樓。好懷念啊。身穿白色裝束的喀邁拉們佇立在雪原，那景象真是太美了。話說回來，這裡還真悶熱。要塞的散熱筒倉年限已經到了嗎？要是會影響到地熱，那事情可就嚴重了……好了，現在就一邊祈禱地下淨水槽還活著，我也再稍微加把勁吧。

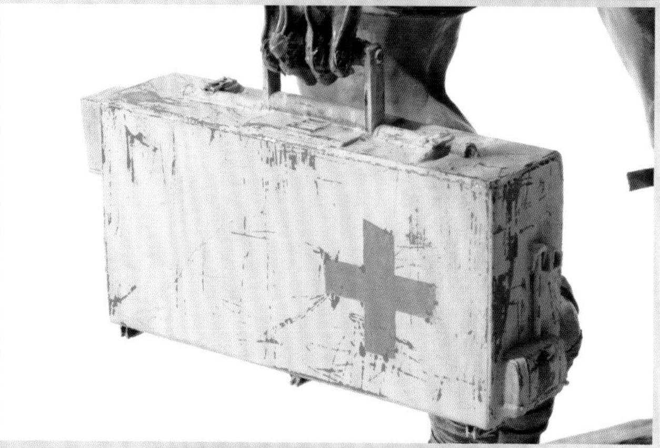

大森記詩（おおもりきし）

從就讀美術大學時期開始參與造型製作，主要用於模型雜誌與活動場合。完成研究所博士課程後，本學年度開始擔任雕刻科教育研究助手，同時也維持美術與嗜好等兩個不同領域的活動。以攤位名稱「12Modelers（@12Modelers）」參加「Wonder Festival」。

滴水嘴獸 - Cathedral wings

大森記詩帶來的連作第二部。再次描繪了異形的故事。
不過，看來要徹底釐清故事全貌還為之尚早。

作品名稱 滴水嘴獸 - Cathedral wings　製作・撰文／大森記詩

［有翼兵］

專為空降作戰與密接空中支援所設計的，擁有飛行能力眷屬兵的統稱。其中也存在著身軀宛如巨人般的物種，甚至凌駕於身軀龐大的牛頭人。大戰中期以降，將其與航空母艦大教堂級搭配作戰，其數量多寡大幅左右戰局。

［大教堂級］

泛指所有艦內擁有巨大培養植物的超無畏艦。為了運用有翼物種所設計出的海上基地，以航空母艦型為主並大量建造。大致分為前期型與後期型，前期型為特殊合金船體搭配移植的生物有機體所構成的混合體，後期型的船體幾乎全都是由生物有機體構成。代表艦艇為諾特里拉、琉斯第、貝拉傑、梵蒂歐、諾克魯，此外也有翠列夫、修拉夫等航空戰艦型。

［滴水嘴獸］

以瓊斯托馬・艾爾・蒙太奇博士的研究為基礎開發而成，用來整合並運用有翼物種的系統裝置。在此之前，要讓有翼物種進行高度的協同作戰極為困難，主要是採取單獨利用個體的方式，而這種方式高度仰賴個體的戰鬥能力，但自從引進此系統後，便能完全交由培養艦來控制有翼物種，尤其是直接將生物武器與航空母艦結合、作為防禦型武器加以使用的此一方式頗具革命性。此外，也可用此名稱來指稱艦隊防禦系統。藉此系統裝置，人們得以光憑單艘擁有強力防禦能力的培養艦攻入敵人地盤，導致戰禍急速擴大。

「在包覆海域的濃霧當中，有座艦艇正四處徘徊。沒有錯，大教堂尚未沉沒。」

博士，他們是這樣說的。那艘航空母艦還在。

就算受到那麼猛烈的攻擊，依然沒沉沒。

有誰會相信呢？

啊……好懷念啊，這是平時總是迴盪在我頭顱內的、令人懷念的鐘聲。

啊……實在太美好了……不愧是我們的……大教堂。

啊……大夥兒、同胞們、兄弟們，全都還在那裡……

原來如此……他們還徘徊在冰冷的作戰海域……

博士，我還清楚記得最後的景象。

那場北方戰場的空中作戰，

是我們用上所有戰力的背水一戰

我也是第一次看到培養艦一口氣全部出動，數量好壯觀。

但是，我記得事情是發生在第VIIII艦隊的

第3次攻擊隊出擊後沒多久。

第一線的艦艇群在轉瞬間就被消滅，

艦隊防空隊的火精靈們緊急出動。

然後，我就用雙手護住博士你，緊緊抓住潛水艇……

最後總算渡過了海岸線……

等我回過神來，就已經在這裡了。這裡真的好冷、好冷、好冷。

不過，博士你還是保持當時的狀態，我真的好高興。

博士，他們說大教堂正在巨大化……

而且，那些傢伙、

那些還殘存下來的傢伙鎖定的目標就是大教堂。

艦內的植物……培養裝置也是他們的目標。

我的……大家的祕密也是他們的目標。

他們打算再創造出我們。可是，這個世界已經不需要我們了。

再也不需要我們……和那艘艦艇了……

因為啊，博士你知道我的手很笨拙，對吧？

我的手除了降下槍林彈雨，什麼都做不到。

博士……我最親愛的博士……

溫柔又體貼的瓊斯托馬……艾爾

瓊斯托馬·艾爾·蒙太奇博士。

我只要能和博士一起待在這裡，別無所求……

可是，可是我也想和大家好好道別。

請你原諒我。拜託請你原諒我。

這是我最後一次飛翔。最後一次了。

不過，我一定會再回來的。

所以，請你一定要、一定要等我。

博士，好好休息，祝你有個好夢。

雜貨店 大黑天 -Death Trader-

這是山脇隆所帶來的作品，本雜誌的封面模型也是由他所負責。請各位細細觀賞，充滿精彩看點的異界行旅商人住處，連小地方也別放過。

作品名稱 雜貨店 大黑天 -Death Trader- 製作／山脇 隆

GENERAL
REPAIRS
GARAGE
SALE

FOR
SALE!

KEEP OUT

饕

來自竹內しんぜん的第二部作品。以他擅長的動物為主題，加上中國神話風格的奇幻氛圍，創造出這隻看似溫和實則陰森詭異的「地獄動物」。

作品名稱 饕　製作／竹內しんぜん

從前，星際間的居民為了消磨閒暇時間與解決糧食問題，隨意將外來生物拋到銀河間，導致這些外來生物和各個星球的原生生物之間引發問題。於是，政府當局便委託我們「MAKIDA星球」，在必要時刻驅逐與捕捉這些外來生物。我和我的搭檔，猴子外型的AI人工智慧「三點」一同穿梭在形形色色的星球之間。我們這次的目標是「鱷魚葛美洛」。這些5m級別的龐然大物，是因為狩獵為樂的某星球居民在狩獵之後又不小心讓牠們跑了，因此對原生生物造成重大危害。不過，雖然對方是怪物，我還是會看情況決定要如何處置，並非不由分說地一律殺掉。真要說起來，其實這些傢伙根本沒有罪，我們的工作就是盡可能把牠們送回故鄉。

不過話說回來，雖然把這傢伙捉起來、讓牠沉沉睡去的作法是不錯，但是搞不好還有其他隻藏在這裡。三點！總之把池塘的水全部放掉吧！

三點：「……」

MAKIDA星球

「GG'R」的仙田耕一以超人力霸王怪獸的GK模型吸引了特攝迷的目光。他以貨真價實的造型品味，創造出帶有獨特幽默感而富有魅力的角色，請各位細細欣賞。

作品名稱「MAKIDA星球」 製作・撰文／仙田耕一

仙田耕一（せんだこういち）

先是當過上班族，而後於2002年開啟造型塗裝事業「GG'R」。目前以造型相關活動為中心，之後搞不好又會再次迷上奇幻生物也說不定。
www.gigangler.com

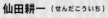

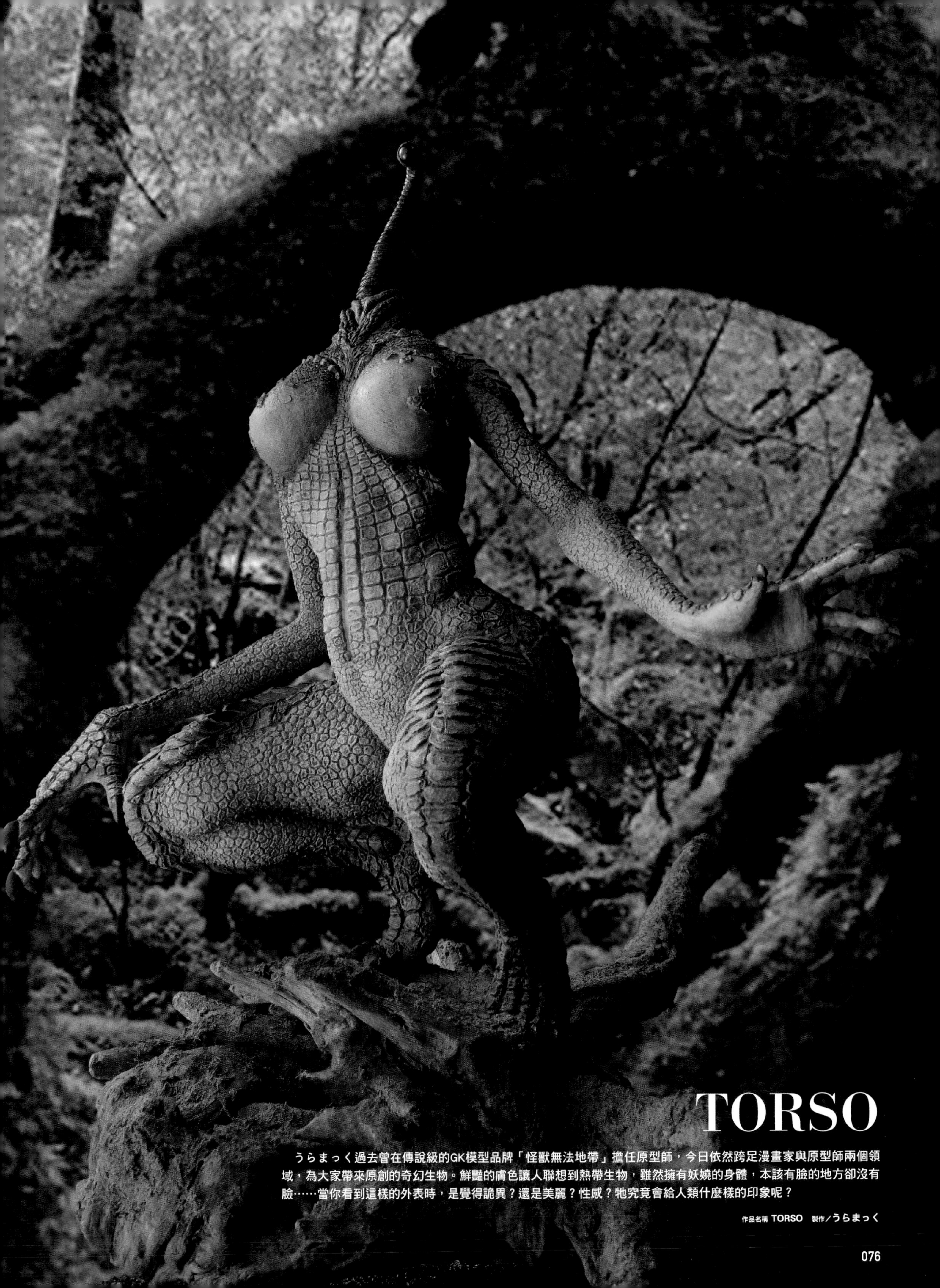

TORSO

うらまっく過去曾在傳說級的GK模型品牌「怪獸無法地帶」擔任原型師，今日依然跨足漫畫家與原型師兩個領域，為大家帶來原創的奇幻生物。鮮豔的膚色讓人聯想到熱帶生物，雖然擁有妖嬈的身體，本該有臉的地方卻沒有臉……當你看到這樣的外表時，是覺得詭異？還是美麗？性感？牠究竟會給人類什麼樣的印象呢？

作品名稱 TORSO　製作／うらまっく

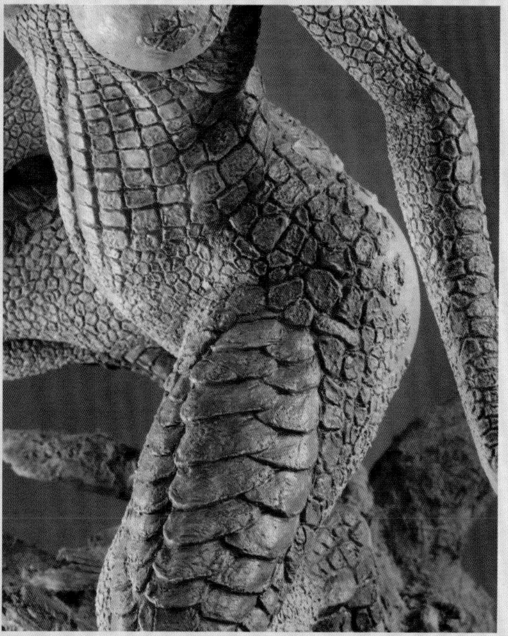

うらまっく

漫畫家、造型家。於「怪獸無法地帶」進行活動之後，自立門戶。擅長寫實的Q版造型，在各類活動發表作品，同時也參與商業原型製作。

●煤水車

利用完成的基底模型作為基礎，進而以熱縮片、紙、AB補土來改變形狀。

●塗裝

先用鍍鋅塗料（底漆）調整紋理，打底部分隨機用多種鏽紅色塗裝，上面塗裝感覺像是靛藍色日曬退色後的那種藍灰色，過程中不斷檢視整體是否平衡，再讓塗裝上的塗料剝落下來，並以油畫顏料營造老舊的感覺，完成。

作品尺寸／長11cm×寬91cm×高16cm
首次發表／月刊Hobby Japan 2020年1月號

P60-61

機械生命體 饕餮

製作・撰文／伊原源造（源工房）

在不久的將來，AI人工智慧將擁有自我意識，而「那些傢伙（機械生命體）」吸收自然界的一切物質（機械、金屬、生物、植物、微生物、土壤、粒子等）形成了龐大集合體，並化為脫韁野馬四處作亂……在世界各地都確認到龐大數量的機械生命體，人類的存亡深受威脅。

這次帶來的異形是20m級的機械生命體，人稱「饕餮」。關於製作材料與方式，使用AB補土、美國灰土、雕塑黏土（Sculpt Clay）、樹脂製的零件、市售的現成材料、木材、植物、骨頭與金屬零件，塗裝部分則使用gaia color、Mr. COLOR等混合多樣化的素材製作而成。

作品尺寸／長120cm×寬70cm×高65cm
首次發表／月刊Hobby Japan 2020年10月號

P64-67

雙頭軍醫
- Twin Heads Medic

製作・撰文／大森記詩

一開始我思索要在怎樣的故事背景下來塑造奇幻生物，接著便想到「末日幻想」之後的世界應該蠻不錯的。關於「文明毀滅後的世界」的故事與電影不勝枚舉，我也對這樣的背景架構很感興趣，私底下經常以這樣的故事背景來製作機械類的模型。我最近常常在想，如果再把故事稍微進一步延伸，想想在這樣的世界裡，會是誰、用什麼方式來「重建」世界？應該也蠻不錯的。可是，如果是由引發事端的始作俑者──人類來做的話，復興世界應該是沒有指望了，所

P56-57

妖怪機器人怪獸 水虎1號

製作・撰文／RYO

20XX年3月25日，有個巨大生物從深海浮出水面，登陸日本！其實，這是覬覦陸上的小黃瓜農場與相撲競技場的河童們，將沉入深海海底的古代巨大河童「水虎」改造成生化人（水虎1號），傳送到了陸地上。

面對巨大的水虎1號，人類束手無策。日本的未來、甚至是全人類的未來，究竟會如何呢？（待續）

大家好，我是「ねんど星人」RYO。這次我做的是妖怪機器人怪獸水虎1號。完成後才得知河童其實很怕鐵器。於是我就在腦海裡設想了各種可能性：其實，當初他們是先開發了治療金屬過敏症的藥物，接著才開始製造水虎1號的。嗯，挺合理的嘛！

按照我的構想，這個機器人是由一群擁有高超技術，卻十分孩子氣的河童所製造的，所以特別設計得像是一種超巨大的玩具。

主要製作材料為美國土，手部則是用Y clay與AB補土。此外，還使用了螺絲與墊圈等金屬零件來強化細節部分。基底部分則以木製圓盤為底座，加上木片與3D列印的支撐材，擺成像是大樓的樣子。

在製作的過程中，我才發現原來我一直很想做這樣的作品，真是一大收穫！

作品尺寸／長40cm×寬30cm×高30cm
首次發表／月刊Hobby Japan 2019年5月號

P58-59

nostalgia

製作・撰文／元內義則

我用玻利維亞的蒸汽火車廢棄場的意象來設計，製作出遺留在南滿洲鐵道的「Pacifics第7型蒸汽火車」。

以ARISTO-CRAFT C&NW Pasific型（G Gage 1/22.5比例）為參考範本。

●蒸汽火車本體

以多種材料拼裝而成。先用壓克力板組裝成一個盒子，分別在每個組件上製作加強筋，在平面貼上薄薄的鉛板，用樹脂從內側固定，接著在各個組件的接合處拼命鑽孔，孔洞插入0號的昆蟲標本針，重現出蒸氣火車上的鉚釘。關於驅動輪和各個零組件的製作方式，先將多片壓克力與熱縮片黏合在一起後，進行加工。使用保麗補土修補與調整。

作品解說 4

P50-51

惡龍鎧姬絡緣起繪卷

製作・撰文／怪獸ショップてつ

本作描繪的是，征夷大將軍「坂上田村麻呂」奉桓武天皇之命，擊敗了蝦夷首領「阿弖流為」後，阿弖流為變成了怨靈。這樣一個妄想出來的情景。

我用立體透視模型的手法，表現出田村麻呂後代的某個公主，替阿弖流為的怨靈「惡龍鎧」施行鎮魂儀式的場景。

作品尺寸／長70cm×寬40cm×高50cm
首次發表／月刊Hobby Japan 2020年7月號

P52-53

「PATERNAL」

製作・撰文／竹內しんぜん

製作材料主要使用美國土與AB補土。當初誤以為牛頭鬼是「老人與牛」的意思，因此本來是打算製作老人與牛的，結果不知為何回過神來卻做成了少年的樣貌。

作品尺寸／長13cm×寬19cm×高7.5cm
首次發表／月刊Hobby Japan 2020年12月號

P74-75

「MAKIDA 星球」

製作・撰文／仙田耕一

敝人仙田耕一，在岡山鄉下三不五時捏捏黏土。

最近都在製作怪獸，但其實從前是專做奇幻生物的，因為一直以來對我諸多關照的本企劃製作人Y的一句「小仙，拜託你囉～」於是久違地再次踏入奇幻生物界。萬分冒昧，如不嫌棄，懇請觀賞。

希望各位閱讀故事時，能在腦中用大塚明夫的聲音來播放。

作品尺寸／長20cm×寬22cm×高32cm
首次發表／月刊Hobby Japan 2019年4月號

P76-77

TORSO

製作・撰文／うらまっく

在我們眼裡，她是個外星人。這種生物會以卵的狀態在宇宙空間遊蕩，降落到一顆星球後，便會順應當地的環境，憑著高度的可塑性急速適應當地環境，進化成新的物種，從此在那顆星球深深紮根。

大家好，我是うらまっく。平時除了畫本業的漫畫原稿，同時也會製作怪獸造型。

這次的作品是「TORSO」。自從聽聞本企劃可以完全隨心所欲地製作奇幻生物……我就開始探尋心中所積累的喜好元素。「肉感且豐滿的女性軀體」「讓人聯想到爬蟲類的皮膚」「（因為勢必會偏向於某種生物所以）不想做頭部」…接著我就根據以上的條件，完全順從我的欲望來雕塑黏土，回過神來就是這個模樣了。

或許牠與雄性爬蟲類交配後並生下幼體，為了順應環境，演化成這種最利於生存的形態。而有了如今這個形態。如果再做出一隻緊抱著她不放的嬰兒TORSO，肯定很有意思。

繩子形狀的脖子宛若蚯蚓，脖子前端的器官掌管視覺與嗅覺，捕捉獵物時胸部會大大敞開……關於牠的各種習性，請各位運用自己的想像力自由想像。

作品尺寸／長40cm×寬30cm×高60cm
首次發表／月刊Hobby Japan 2019年9月號

P70-71

雜貨店 大黑天 -Death Trader-

製作・撰文／山脇 隆

本作為異界的行旅商人，店名為大黑天！由鼠獸人扛起店鋪和住家部分，什麼都撿、什麼都賣，有時候甚至還會販賣獵捕到的奇幻生物！

「大黑天」的黑可以聯想到「玄武」，而位於北方玄武位置的十二生肖是鼠……我從這樣天馬行空的過程中得到了靈感。總之，把所有元素全都加進去吧！就是這樣一個大雜燴般的作品。運用「插花」的訣竅來拿捏整體的平衡，細細雕琢一個個構成的部分。建築物是用檜木、黃銅和銅來製作，再妝點上多種廢棄零件，參考範本是古老的煤礦村。頗富未來感的紡織機，是以鐵路模型的零件所組成。至於生鏽質感的製作方式，是先塗上鐵粉，再塗上染黑液，噴上稀釋過的中性清潔劑，讓它確實生鏽。骨骼與鼠獸人的製作上，先用La Doll（石粉黏土）雕塑，用矽膠翻模後，替換成鑄塑樹脂的材質。

作品尺寸／長30cm×寬40cm×高52cm
首次發表／月刊Hobby Japan 2018年11月號

P72-73

饕

製作・撰文／竹内しんぜん

本作是我想像出的「居住於地獄的動物」，取名為饕。

饕會吃人類的錢財。假如亡者被送往地獄的時候，仍然執著於生時的錢財，妖魔鬼怪就會砍斷亡者緊緊抱住錢財的雙手，而饕就負責解決掉這些錢財。牠喪失視力，有神祕野獸寄生在腹部的長毛裡，帶領牠來到有餌食的地方，野獸則會吃掉被砍斷的雙手。本作便是建立在這樣的故事背景之上。

作品尺寸／長7cm×寬14cm×高17cm
首次發表／月刊Hobby Japan 2019年2月號

以我就規劃成，在這個人類已經滅亡的世界，過去曾經由人類創造出、作為親族來利用的殘存士兵，擔起重建世界的工作。

這次造型的雙頭人，他們是稱作「眷屬兵」的人造士兵，前軍醫。長久以來替擁有巨大身軀、複雜身體結構的同胞們治療，都是為了讓牠們重新回到慘烈的最前線。不過，長期爭戰結束後，他們轉而為了重建這個荒蕪的世界，尋找殘存的同胞並再次嘗試治療牠們。於是我又想，既然如此，軍醫需要採取複雜的醫療措施，頭腦應該也要有兩顆吧？那就做成雙頭好了。神話裡也有不少擁有兩顆頭的生物，有些國家的國徽也使用這樣的圖案，這樣特別能給人深刻的印象，還有種神祕且知性的感覺，和軍醫所扮演的角色也很般配。你覺得呢？

作品尺寸／長35cm×寬35cm×高79cm
首次發表／月刊Hobby Japan 2018年9月號

P68-69

滴水嘴獸 - Cathedral wings

製作／大森記詩

延續了上作描述生物武器存活在人類文明毀滅之後的故事，並構思更進一步的劇情：在過去的大戰中，人類透過航空母艦來利用有翼物種打仗。這是我從滴水嘴獸（設置於石造建築外側牆面的雨漏雕像）得到的靈感。滴水嘴獸是建築物所配置的裝飾性雕像，同時兼具雨漏的功能，自中世紀起，人們經常以怪物或惡魔等虛構或未知的存在來設計雨漏的外觀。本作拜借了滴水嘴獸的樣式，製作出生物武器，並且延伸出本作故事中「滴水嘴獸是在航空母艦內創造出來，並且受到該系統整合與運用」的形式。說到外觀方面，剛好就在今年6月，我因為大學的專案計畫造訪德國，有幸在柏林的德國產業博物館看到He 162戰鬥機。它的噴射引擎裝配在機身上方這點極具特色，是我非常喜歡的機種。當時我在博物館觀察實物的同時，一邊在腦海裡思索：這次投稿到H.M.S.的作品，設計成有翅膀、背上裝著推進器，感覺好像蠻不錯的。就這樣草擬出了本作的原型。而且，這樣的設計也符合前述的故事內容，於是最後便定下來並實際製作。另外，頭部是參考航空機用的頭盔樣式，雙手因為是連結到航空母艦的系統裝置，我想要特別強調這項特質，因此將雙手設計為戰車的形態。不過話說回來，將運用有翼物種的航空母艦統稱為大教堂，還讓有翼生物的背上裝著推進器，真的是很赤裸裸的妄想。這樣的設計，你覺得如何呢？

作品尺寸／長58cm×寬47cm×高61cm
首次發表／月刊Hobby Japan 2020年2月號

DOCUMENT
ドキュメント H.M.S.
H.M.S.

美國土造型入門
-伊原源造編-

如果你看了本雜誌後，油然而生「我也想自己做做看！」的念頭，本篇「黏土造型貼身採訪檔案」就是專門為你製作的。我們邀請到了H.M.S.的核心成員之一──伊原源造擔任本次的講師，帶領各位了解，如何運用許多造型作家愛用的樹脂黏土「美國土」來製作模型。本教學的拍攝花了整整2天、總共約18小時的時間。拍攝前工作人員只有決定大致的重點，幾乎是以倉促上場為名、行現場示範實際操作之實。將過程中意想不到的失敗與臨時變更方向的情況全部如實公開，搖身一變為更具實用性、彷彿像是現場直播般的完整製作過程。

製作・解說／伊原源造（源工房）攝影／岡本學〔Stereo R〕

▲伊原用了兩天的時間為各位示範製作方式。請翻閱本雜誌P37、P60，欣賞那些藉由他的雙手製作出的、既充滿力量而又細膩的造型作品。

TOOL&MATERIALS

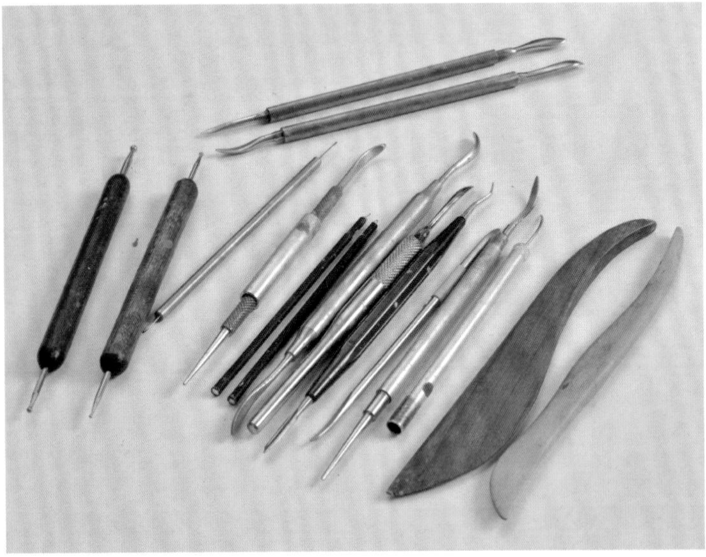

愛用的抹刀等工具
▲有市售產品或把市售產品改造成更好用的狀態，也有純自製的用品。平時製作都是這些工具為主。

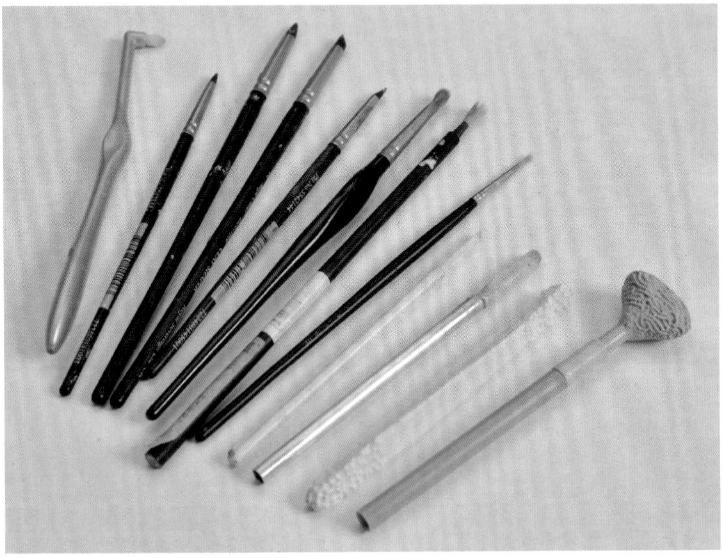

按壓紋理用的模具與牙刷
▲用來撫平表面與添加紋理的各種筆刷，以及矽膠製的抹刀。紋理模具是竹谷工房尚在測試中的產品。

自製調色盤
▶為了在進行造型或筆塗工作的時候，可以把裝有溶劑的塗料盤，以及拭油布與衛生紙同時放在一起，我將百元商店販賣的檔案夾進行加工。讓我在抹掉抹刀或筆尖上塗料的手續變得簡便許多，是個非常便利的工具。使用溶劑有硝基漆、琺瑯漆、壓克力顏料，並根據情況搭配乙醇或水來調合。

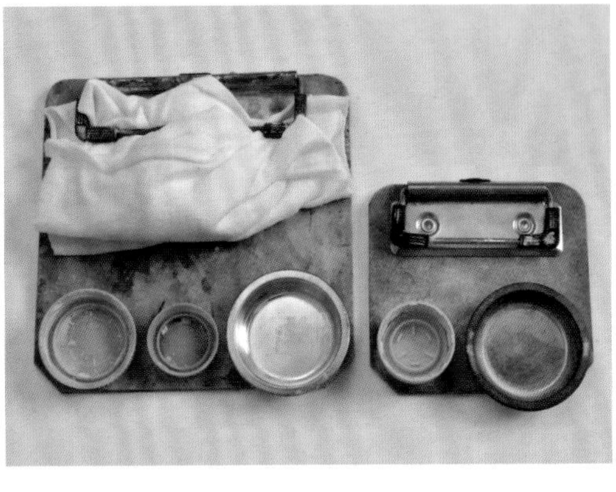

美國灰土
▶市面上有許多造型用的烤箱黏土，這款觸感適中、硬度恰到好處、硬化後的切削感、品質穩定度等整體性深得我心，因此我平時都使用這款產品。每款黏土都各有優缺點，真的要看個人喜好。

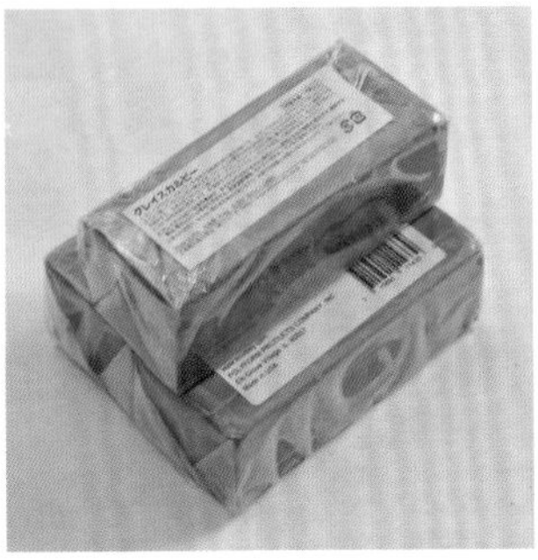

美國灰土

▶用硝基漆溶劑溶化美國灰土後，裝入塗料瓶。可用於輕微地堆補、表面處理、製作紋理等時機。

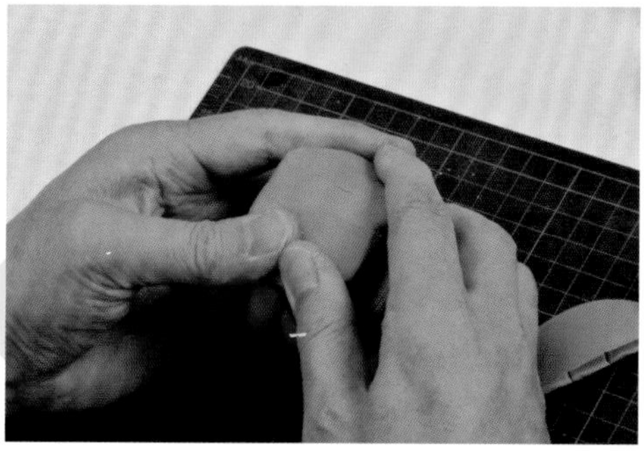

▲這次的企劃構想是，適合初學者的「1天就能完成的輕鬆玩造型」，所以我決定製作短時間就能完成的、一體成形的「酒鬼鬼怪」。我完全沒有事先設計，單純抱著玩黏土的感覺，直接照著腦海裡的意象開始動手做。第一步，是切下隨意分量的美國土並調整形狀。

▲決定好頭部的分量，調整到大致的形狀，用美工刀輕輕割一條中心線，用來確認是否對稱。

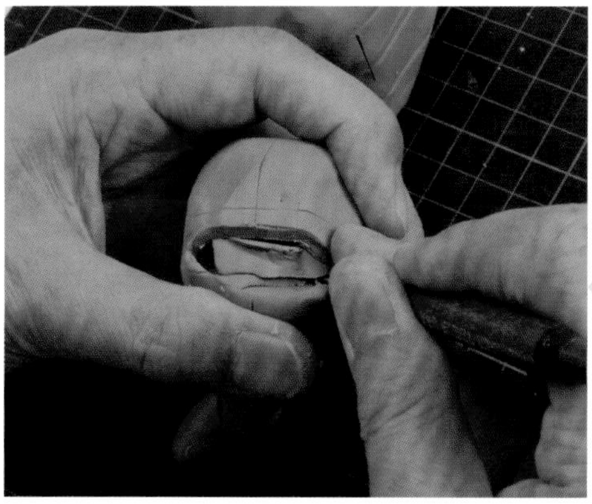

▲在標記好的五官位置處，用「環形修坯刀」往下挖，做出嘴巴的形狀。

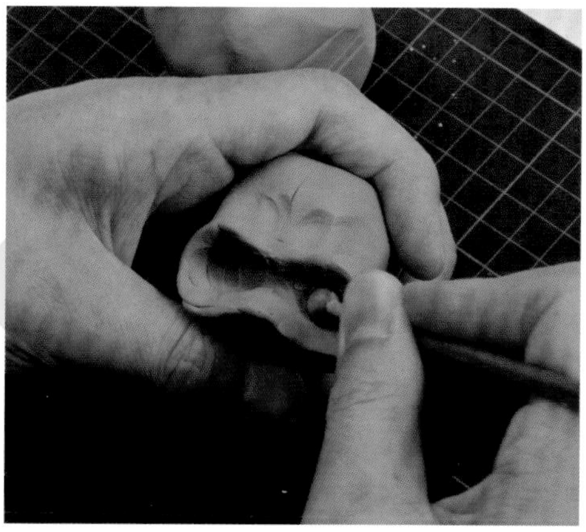

▲在嘴巴的凹洞處，用圓棒調整形狀。

▲每當我想讓抹刀接觸黏土時能有滑順的觸感，我會先將抹刀前端沾取適量的溶劑，再接下來後續的製作。擦掉多餘的溶劑再進行製作，製作起來會順利許多。不過，沾取溶劑的時間點與頻率要視情況而定。

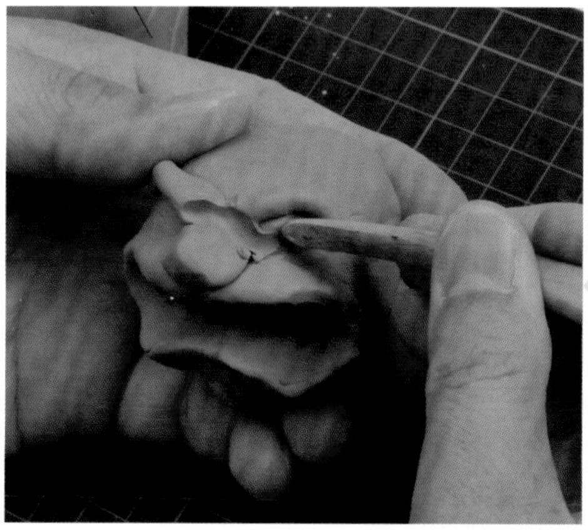

▲在心裡想像臉部的模樣，一邊製作眼窩。

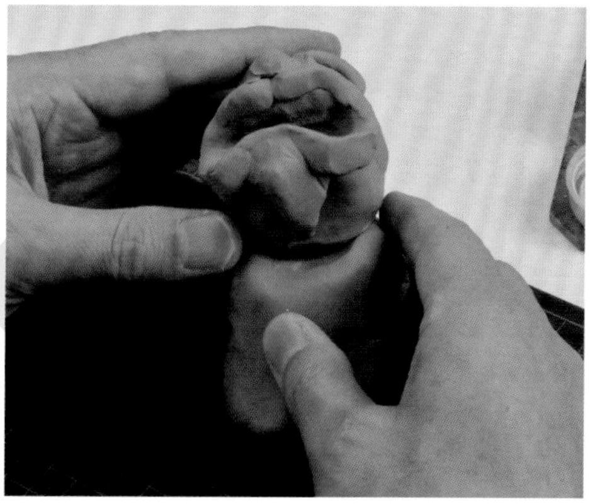

▲正在調整頭部與身體的整體平衡。身體也是使用美國土，用玩黏土的感覺一步步做下去。

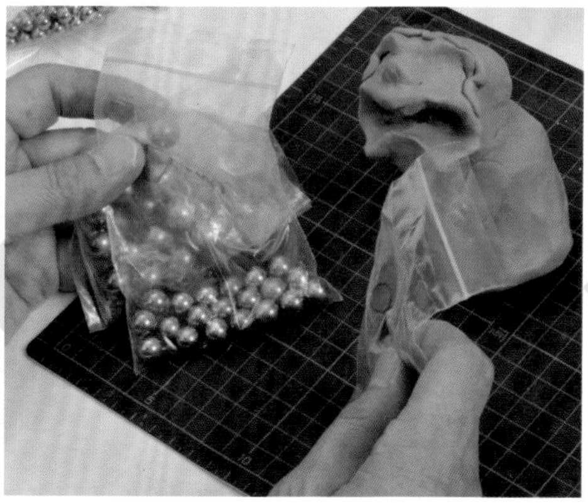

▲用鋼珠來製作眼睛，從許多種類當中挑選適當的尺寸。

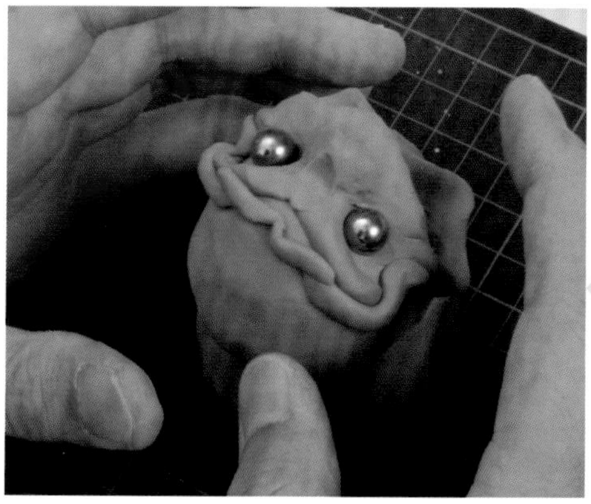

▲將鋼珠放到眼窩處，確認左右是否平衡。

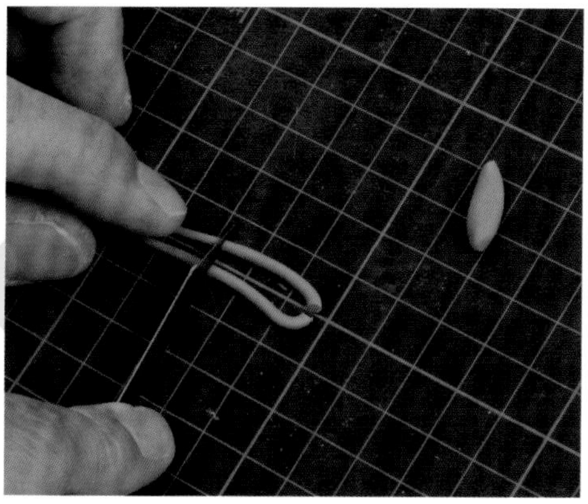

▲把美國土搓成細長狀，聚集起來一起裁切。這樣可以保持每條長度一致，在堆疊上去來增添皺褶或肉感的時候，比較容易取得左右平衡。

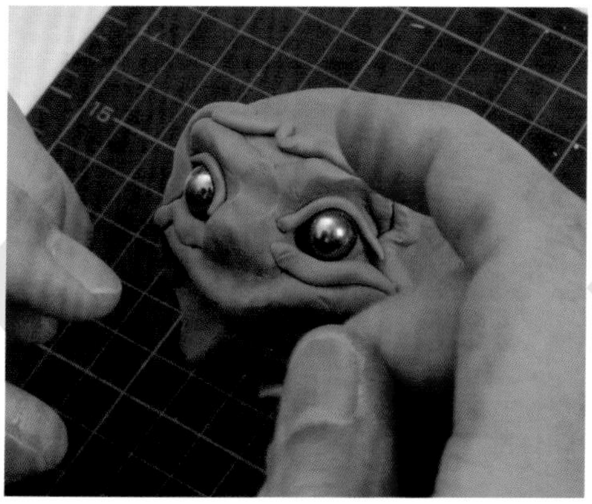

▲疊上這些細長的美國土，透過眼皮與皺褶來塑造表情。

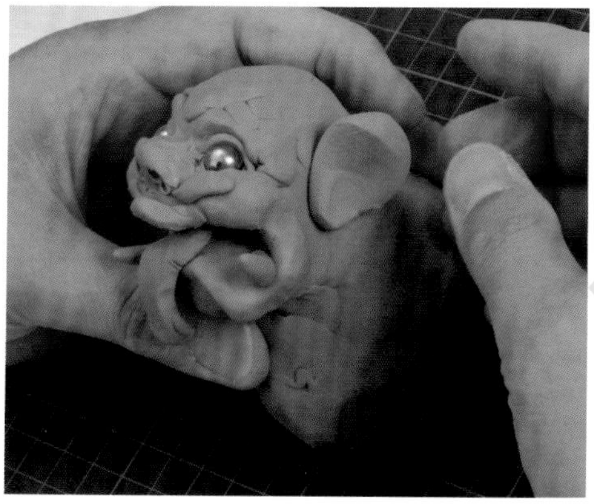

▲完成到一定程度後，添加暫時的耳朵與舌頭，看看整個臉部是否協調。

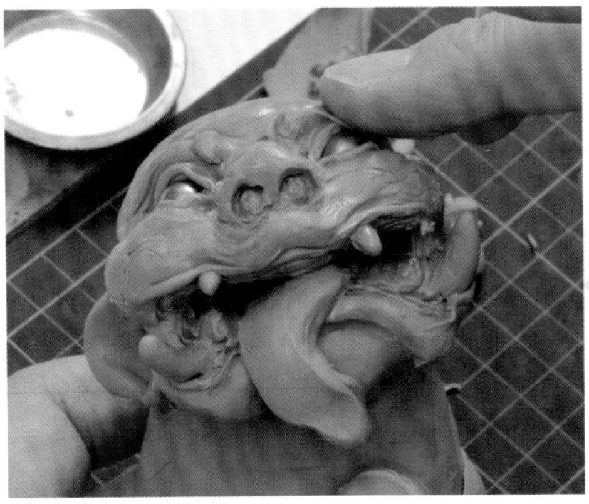

▲手指能感受到相當多的資訊，所以我會用像這樣的感覺，時不時地觸碰一下。

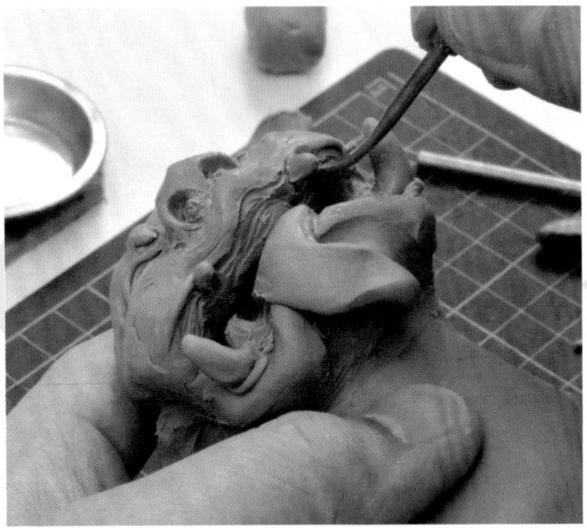

▲雕塑嘴巴內部。

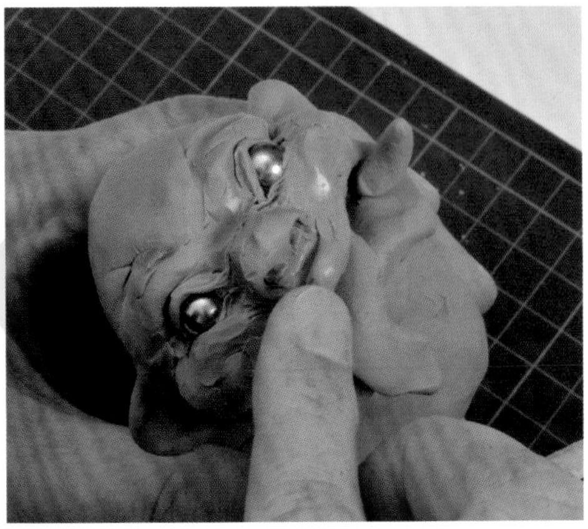

▲用手指沾取適量溶劑，撫平表面。

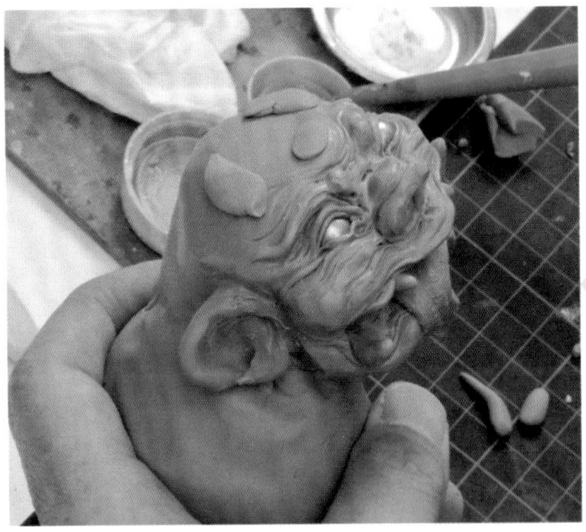

▲在額頭堆上美國土，增添肉感。

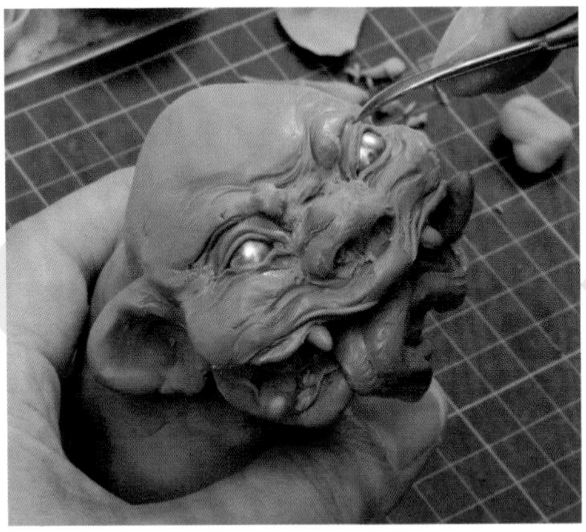

▲用抹刀來雕塑細緻的皺褶。

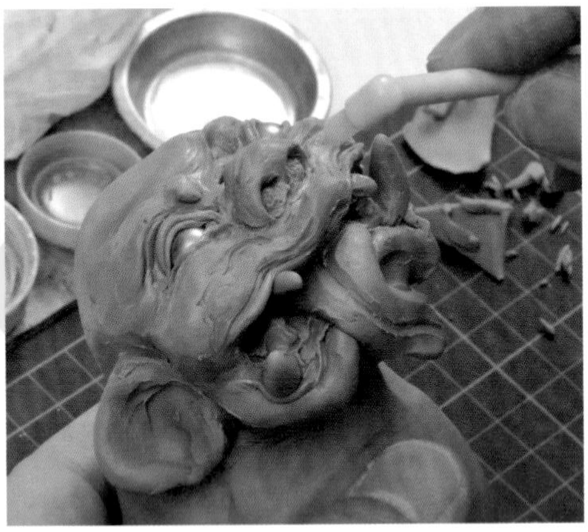

▲用牙刷添加細瑣的紋理。

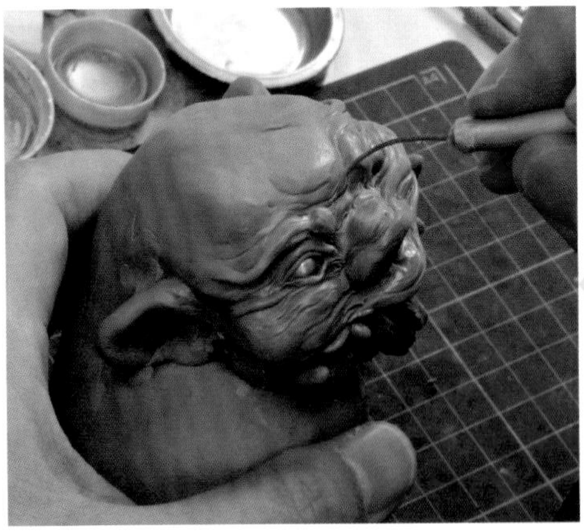

▲用針狀的抹刀雕出細膩的刻痕。

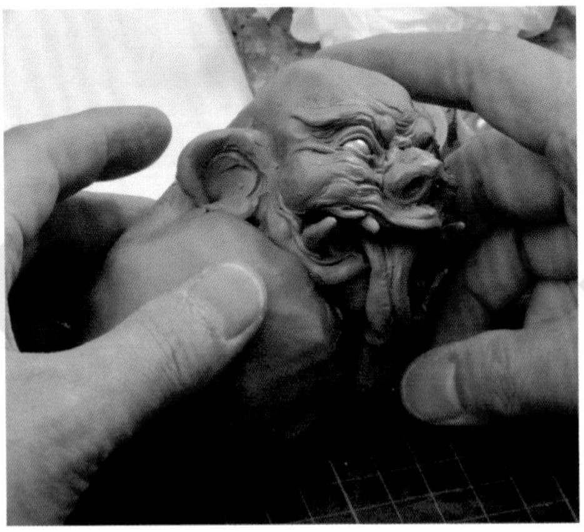

▲觀察整體姿勢是否協調。

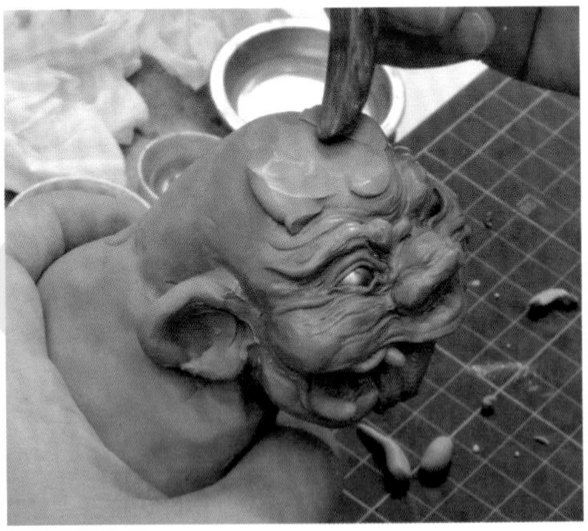

▲一邊觀察整體平衡，反覆進行堆疊與調整。

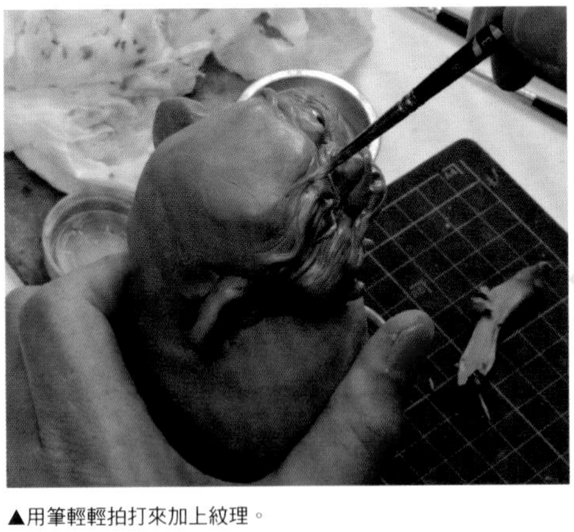

▲用筆輕輕拍打來加上紋理。

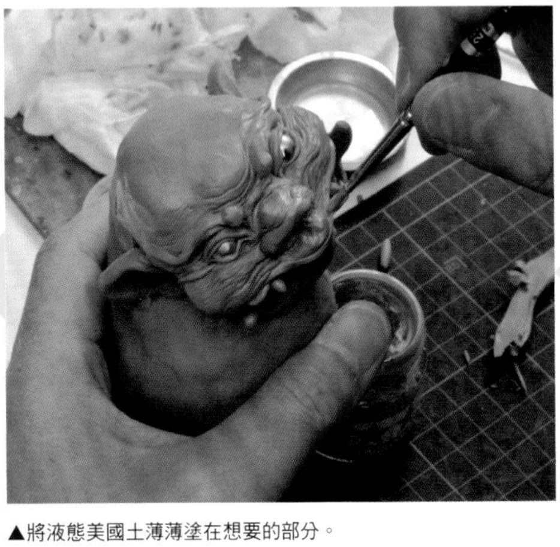

▲將液態美國土薄薄塗在想要的部分。

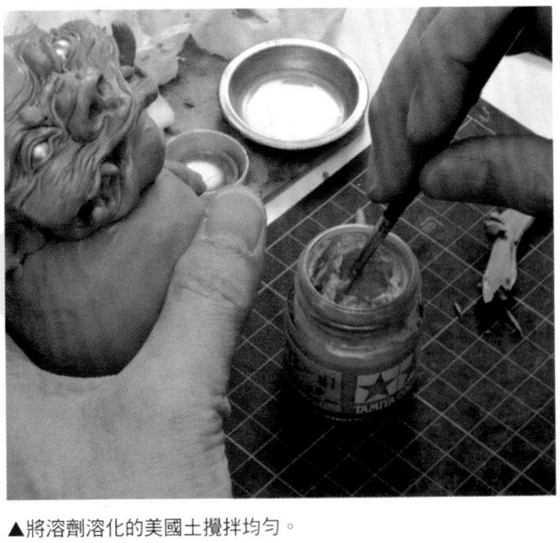

▲將溶劑溶化的美國土攪拌均勻。

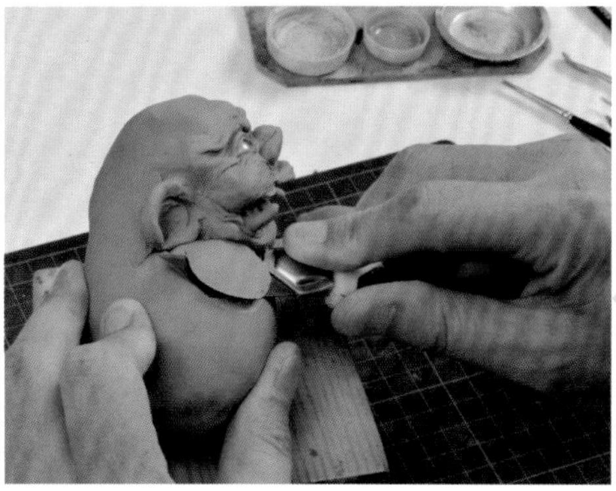

▲讓美國土充分冷卻後，使用美工刀將手腳的銜接處乾脆俐落地切下。在做這樣的工作時，切記要非常小心，以免受傷。

▲由於拍攝現場沒有烤箱，因此就用熱風槍來加熱。過程中不斷調整溫度，還要相隔適當距離以避免燒焦，差不多烤個15分鐘。加熱過程中產生的氣體與臭味對身體有害，所以放進外層是金屬製的Nero Booth（噴漆箱）加熱。加熱時要記得考慮到現場的環境條件，注意是否通風。

▲因為剛才頭部做得很草率，所以重新從各個角度檢視一遍。

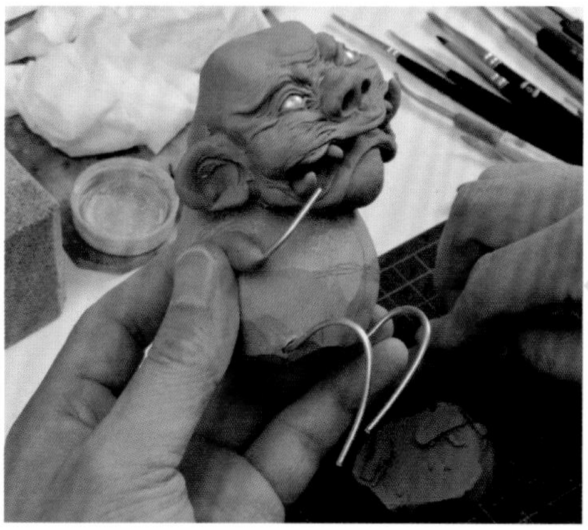

▲穿過2mm的鋁線後，思考要做成怎樣的姿勢。

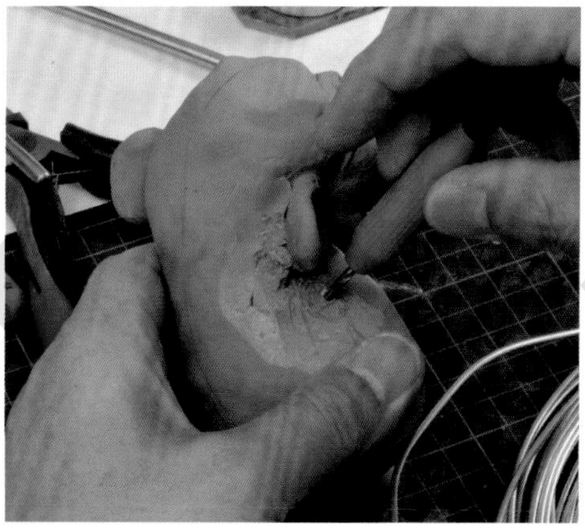

▲決定手腳的位置後，用手鑽（PIN VISE）戳洞，用來製作軸心。

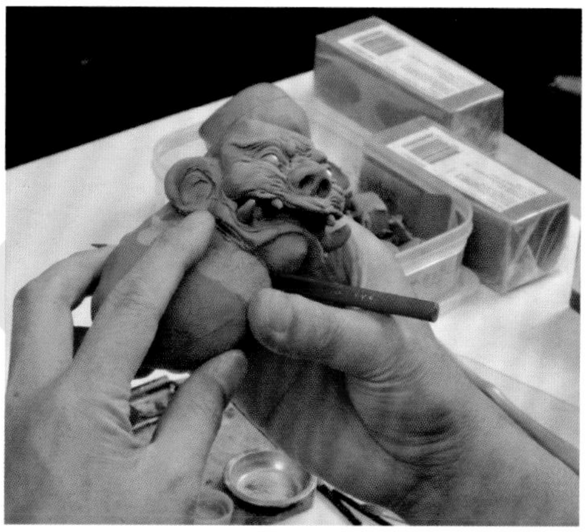

▲一邊留意整體協調度，一邊大膽而細膩地切削。

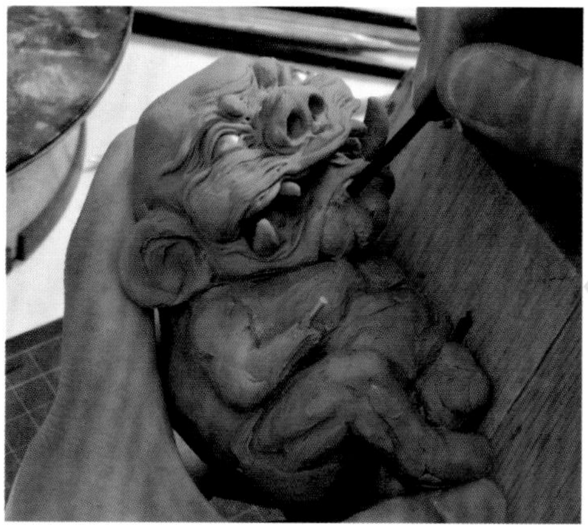

▲開始進行小地方的處理工作。

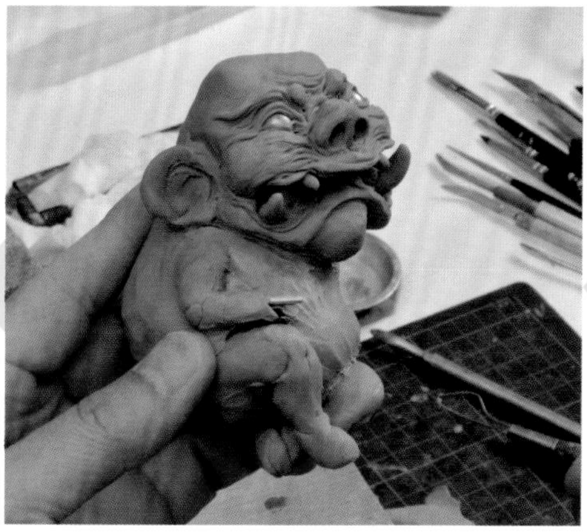

▲反覆進行疊土與切削的步驟。

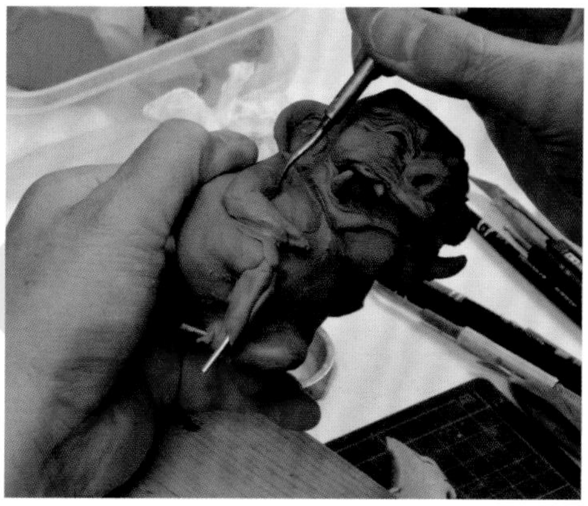

▲決定好手腳的姿勢後，隨意疊上美國土。

▲使用圓規來確保乳頭位置左右對稱。要確認是否等長的時候，圓規真的是不可或缺的好工具。

▲考量肌肉的情況，進行疊土與切削的步驟。

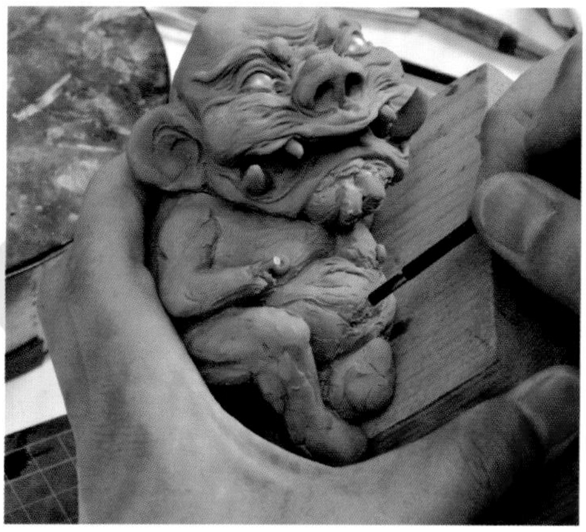

▲添加皺褶與紋理。

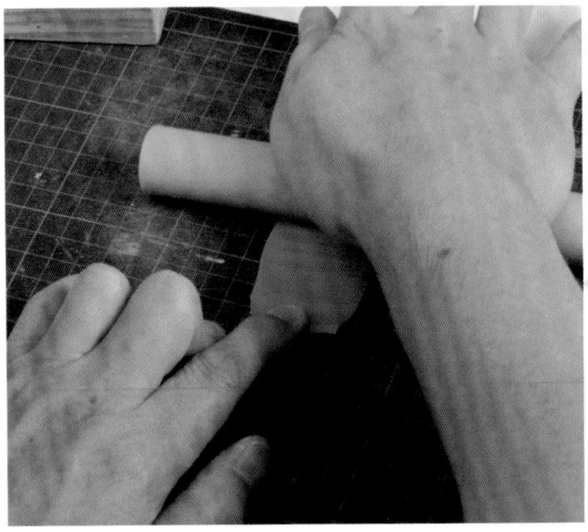

▲用桿麵棍桿得薄薄的。

▲將美國土切成相同大小。

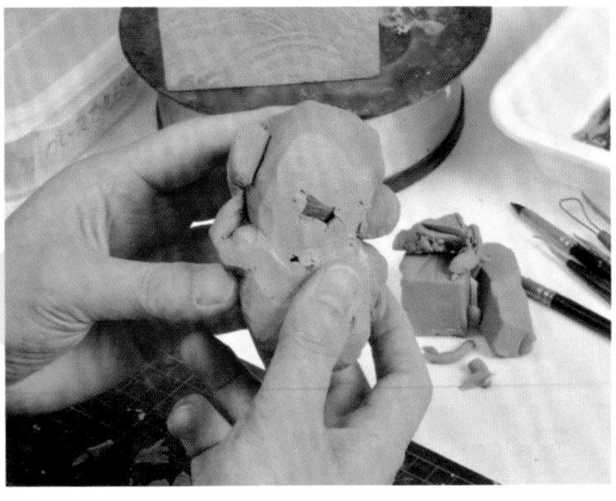

▲先前都把背面弄得亂七八糟的，現在開始進行切削與調整。隨便亂做就會變成這樣……我真的是個錯誤示範。不過，既然都說要輕鬆玩造型了，這樣亂來倒也挺開心的。

▲用鏟子撫平表面。現在說或許有點晚，把材料放在這種木製平台上加工，做起來會順手很多。木製平台可以在家庭DIY商場買到。

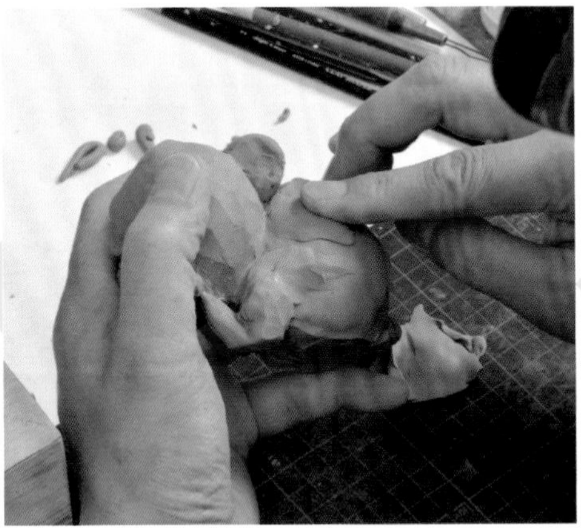

▲製作後背時，也要考慮到肌肉的狀態來疊上補土。

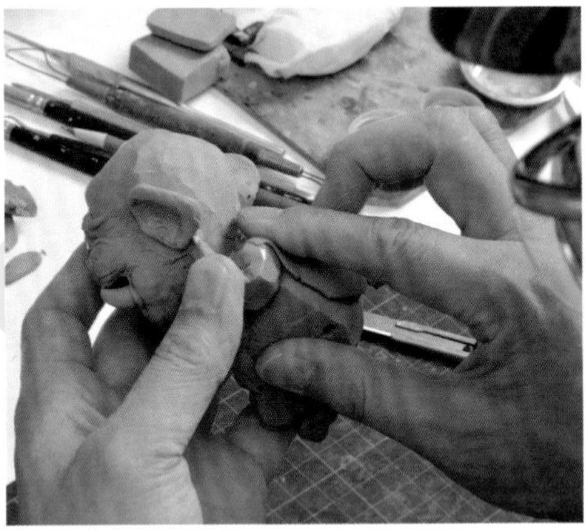

▲在切削過的後背一點一點地填上補土。

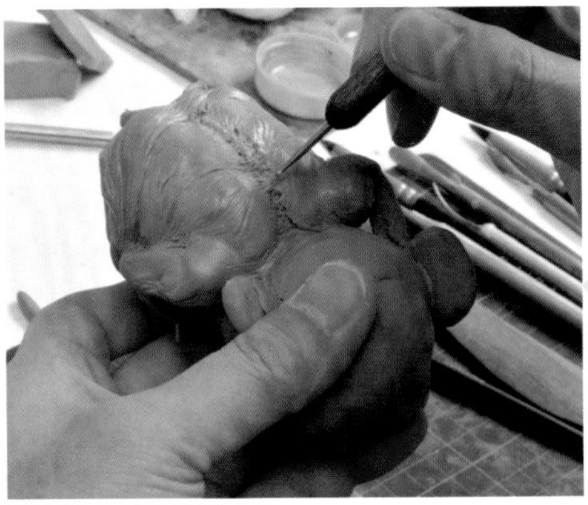

▲感覺背後很單調，我就雕出脊椎，添加更多資訊。

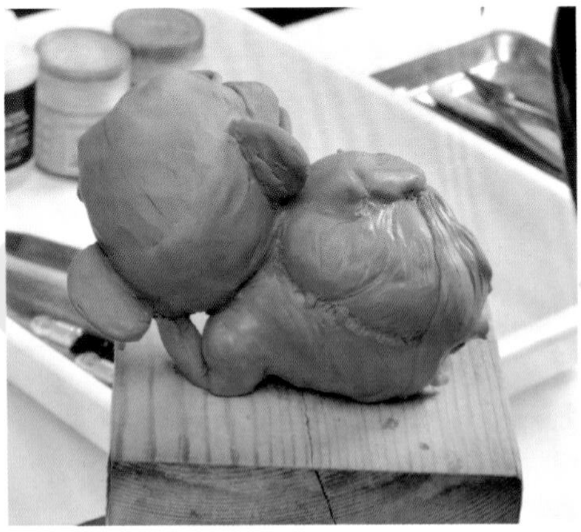

▲從各種角度觀察是否有需要補強的地方。

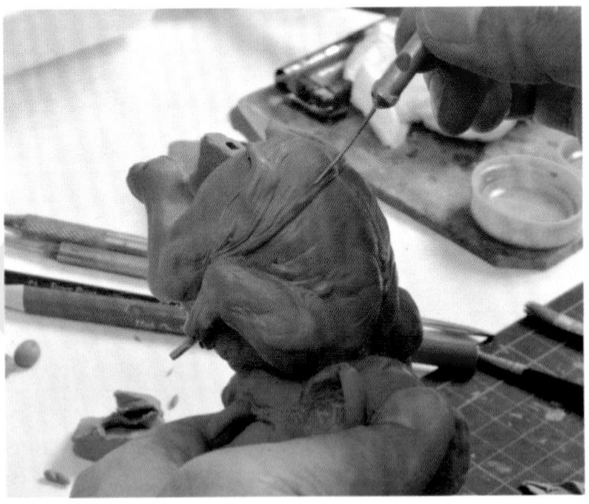

▲露出生殖器不太好，所以我幫牠圍上一片擀得薄薄的美國土當做腰布，再用針狀的抹刀添加皺褶。

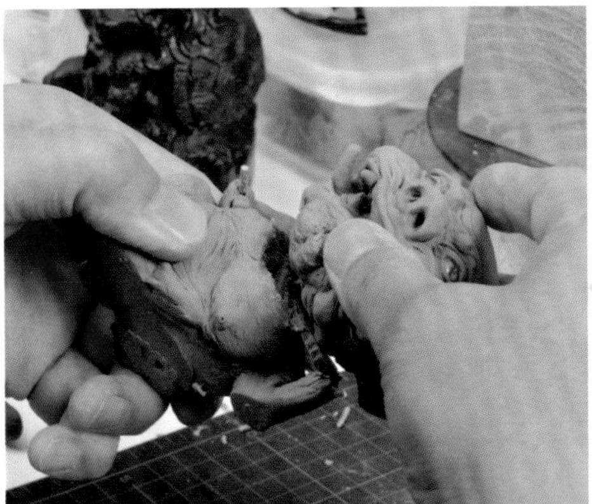

▲用2條3mm的鋁線連接起來，以瞬間黏著劑牢牢固定。

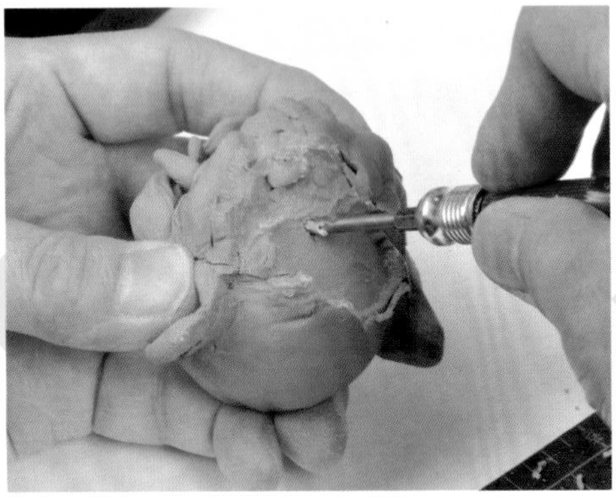

▲啊糟糕，出狀況了！在加熱過程中，頭部因為太重而掉落，於是我決定用內芯穿過頭部與身體。就是因為剛剛都一直隨意製作、沒加內芯，才會發生這樣的意外……希望大家把我當成負面教材，別再重蹈覆轍才好。

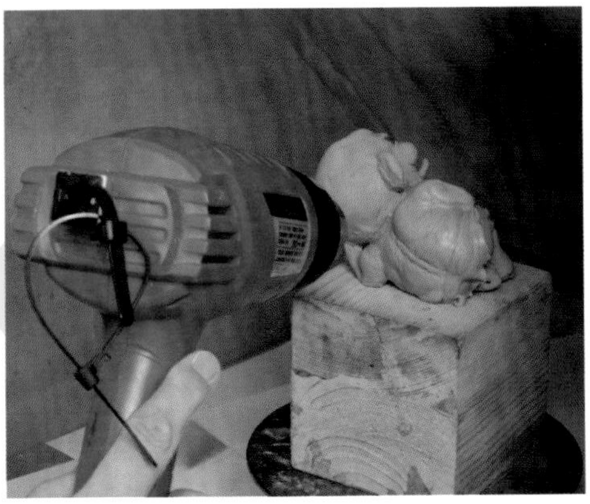

▲做到這裡，再用熱風槍烤一次。放在旋轉台上，一邊旋轉一邊加熱，就能均勻加熱到所有部分，比較容易掌控。

▲用手鑽在標記的位置鑽個孔。

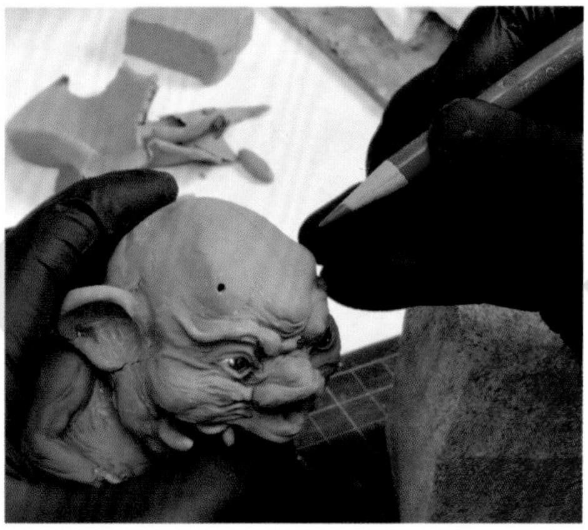

▲用紅色色鉛筆標記。

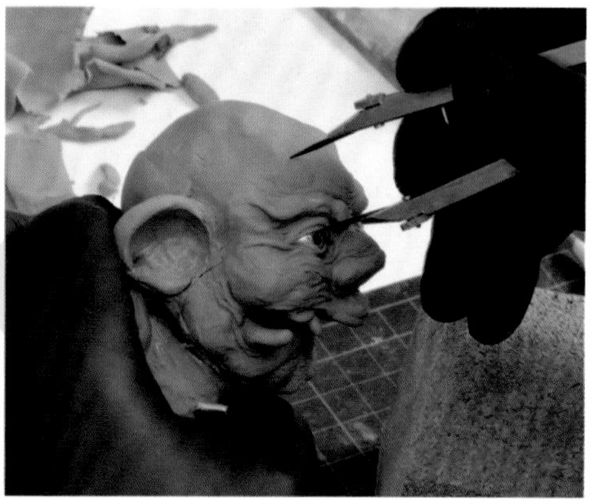

▲在額頭裝上角。以眼睛作為圓規的支點，確定上下左右的位置。

▲從各種角度仔細觀察，確定在一定程度上左右對稱。

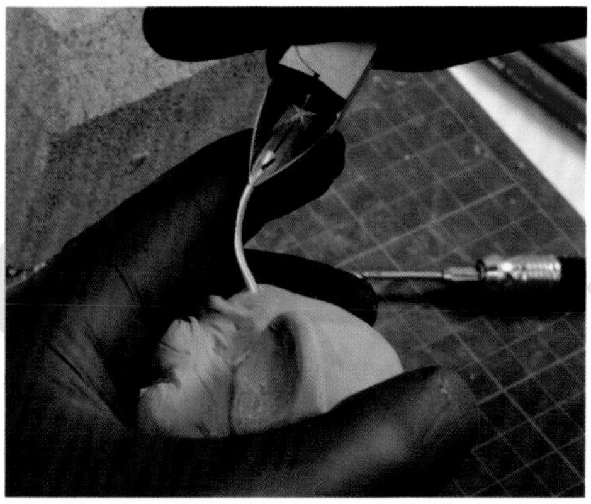

▲預先將鋁線的前端斜剪成細細的狀態，這樣比較容易替角的前端進行加工。

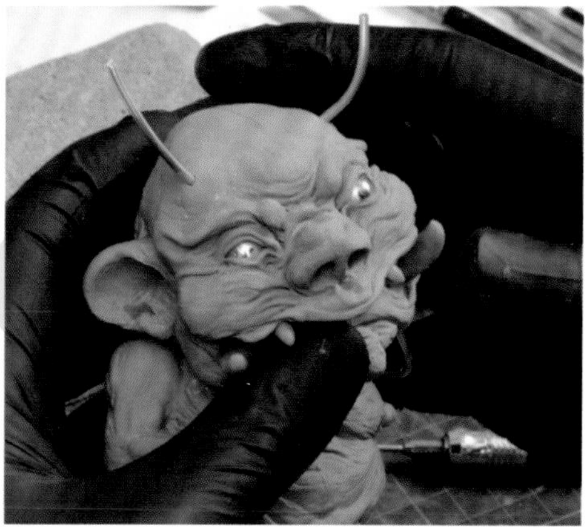

▲穿過鋁線，調整長度。

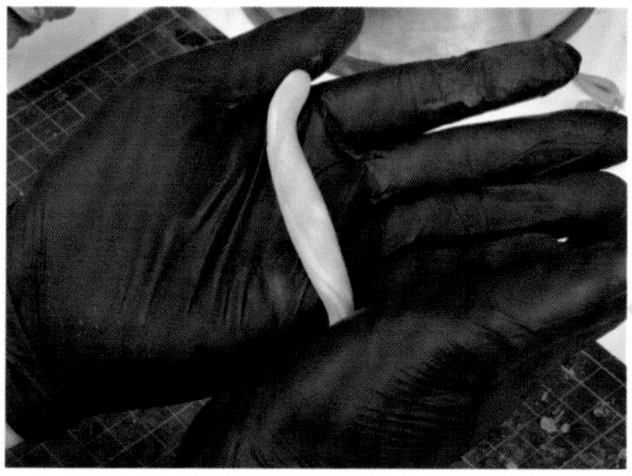

▲充分搓揉直到顏色均勻為止。我的皮膚容易對AB補土過敏，所以使用AB補土時都會戴上拋棄式的乳膠手套。大家使用補土時也要記得戴手套，做完還要確實洗手。

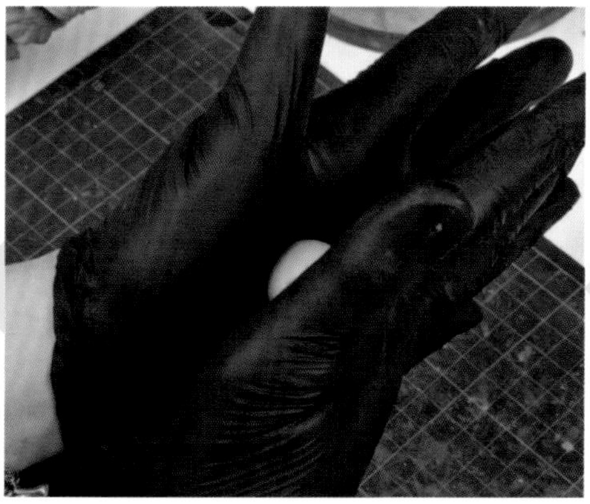

▲或以手指揉捏，或放在手掌上搓揉，讓主劑與硬化劑能均勻混合。

▲裁切AB補土。由於角很細、十分脆弱，因此替鋁線加上AB補土來增添強度。這裡我使用Cemedine的「木製品專用AB補土（AB補土木部用）」，這款硬化速度快，非常好用。

▲因為木製品專用AB補土的硬化速度很快，所以要把握時間趕快用抹刀撫平表面。

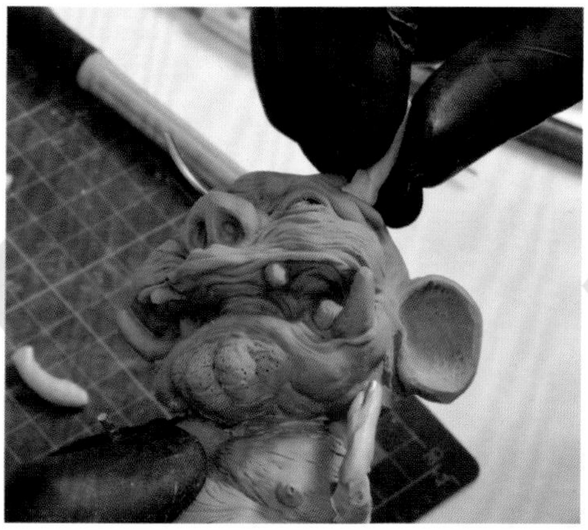

▲在角上薄薄疊上一層AB補土。

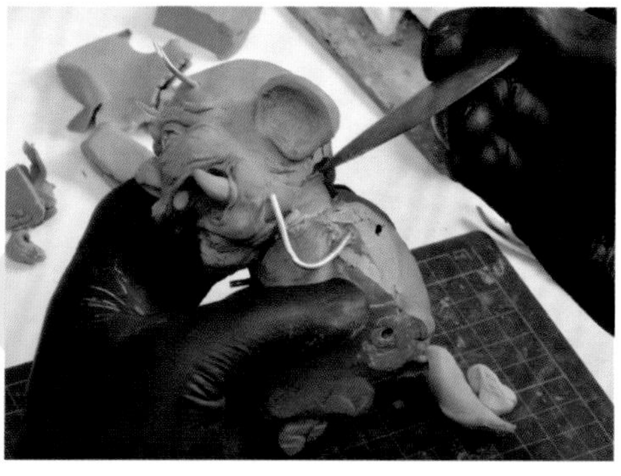

▲在牠頭斷掉的時候我就改變主意，變更了脖子的角度，同時在脖子的縫隙填上AB補土。我馬上就從失敗中學到教訓，特別留意替強度不足的部位增添強度。這麼一來，連肩膀的連接處也要跟著改變了……

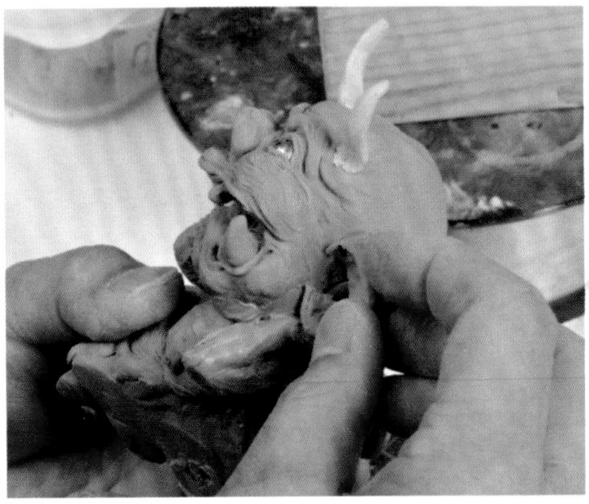

▲取下耳朵，調整整體的協調度。反覆進行造型與調整。

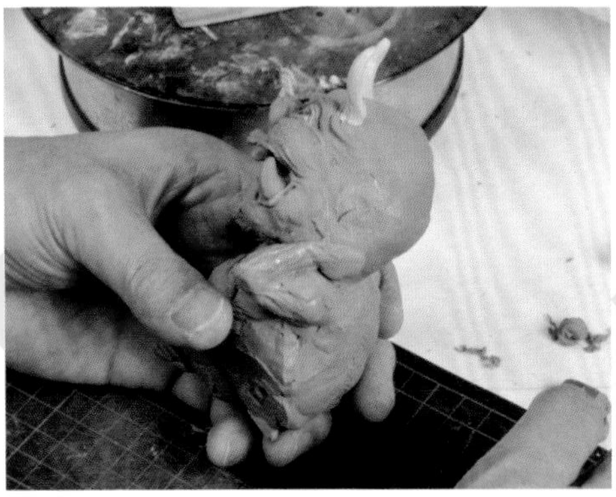

▲我一邊模仿牠「好整以暇地側臥著喝酒，用手肘撐在地上、手托著頭」的姿勢，一邊將美國土堆疊出自然的感覺。啊，我在製作過程中可沒有喝酒喔！

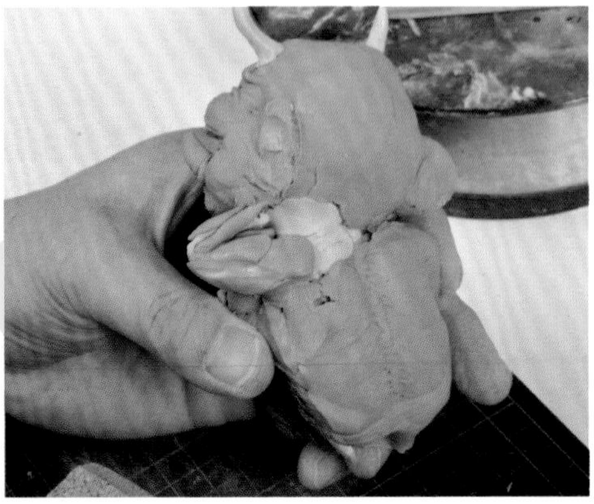

▲肩膀的位置經過先前的調整後，在考量肩膀肌肉的狀態下，重新添加美國土來塑造肉感。

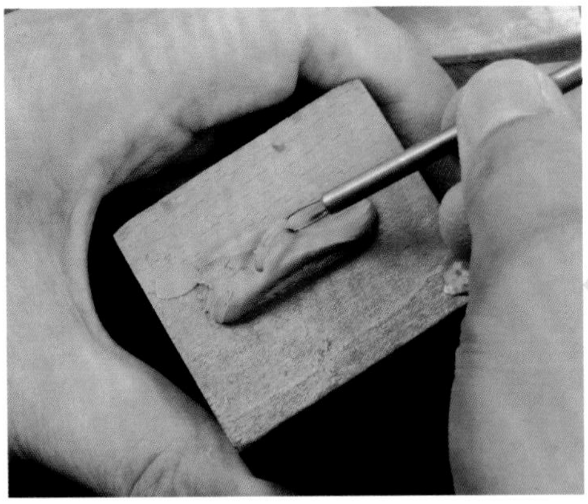

▲製作舌頭。這個部位相當薄，因此要放在木製平台上堆土與調整形狀。

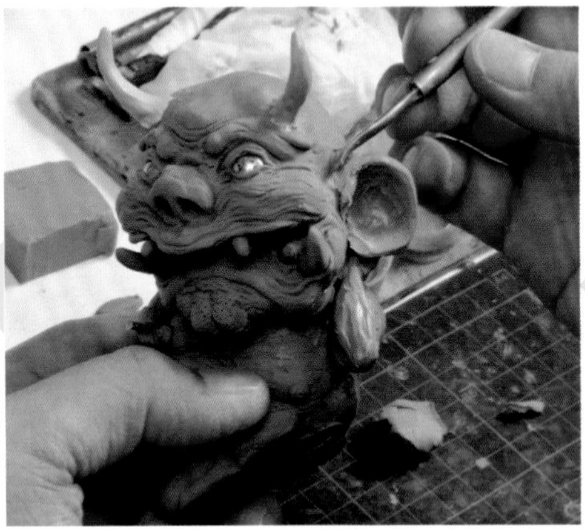

▲刻上紋路。

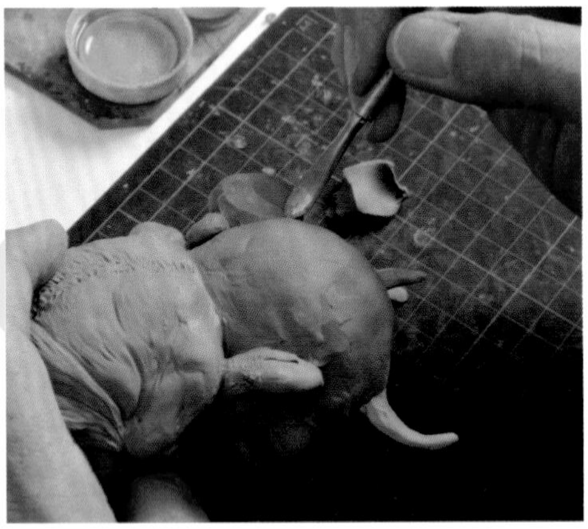

▲用抹刀撫平表面。

▲啟動刻磨機，運用操作車床的感覺將雕刻刀輕抵在補土上，替AB補土進行加工。

▲製作酒盅。在刻磨頭的前端堆上少量的AB補土。

▲考量眼睛的重心位置，讓舌頭配合眼睛的型態。

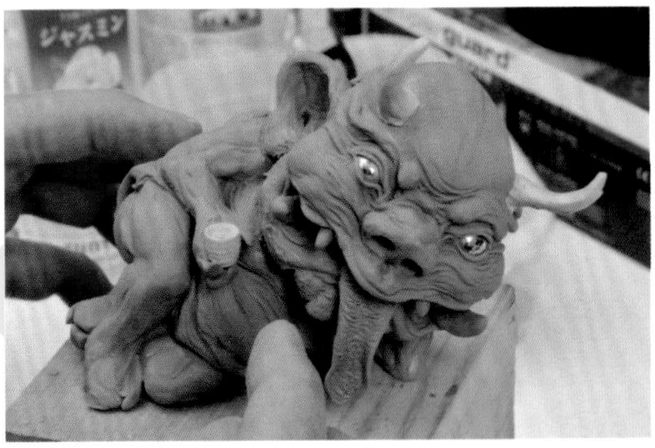

▲讓鬼怪拿著酒盅，確認是否平衡。

◀大致上調整得差不多了。因為拍攝時間已經結束，所以我就帶回工作室做後續處理。

吞鬼

製作／伊原源造

▲這是在工作室進行後續處理之後的模樣。總共加起來的製作時間是24小時。雖然中途出了狀況，但是經過修補與調整後，總算是在這個形態固定下來。接下來還要再替各個部分做最終細修，預計之後要製成樹脂組裝模型量產。

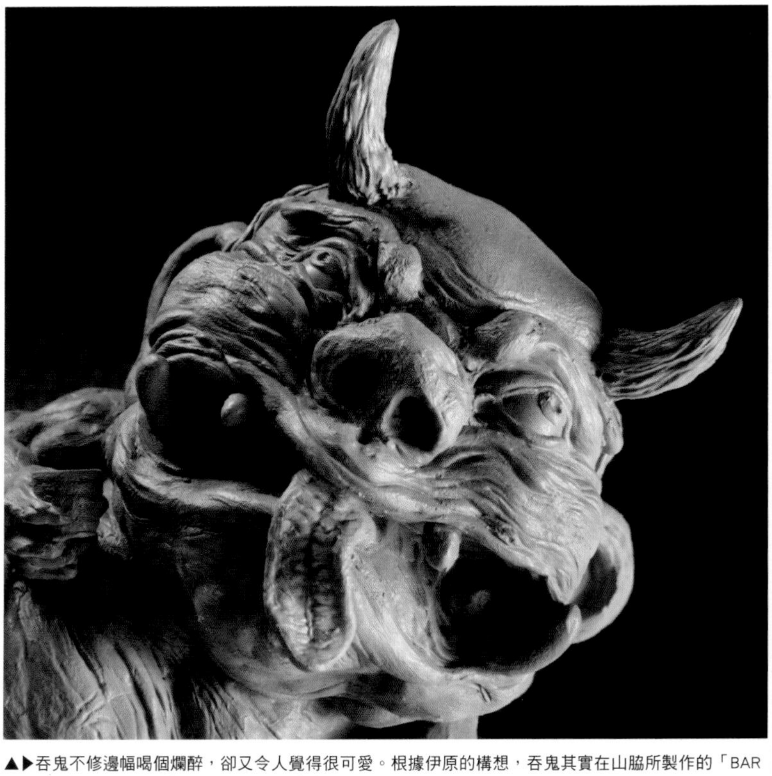

▲▶吞鬼不修邊幅喝個爛醉，卻又令人覺得很可愛。根據伊原的構想，吞鬼其實在山脇所製作的「BAR H.M.S.」世界裡，是被店家列入黑名單的客人。

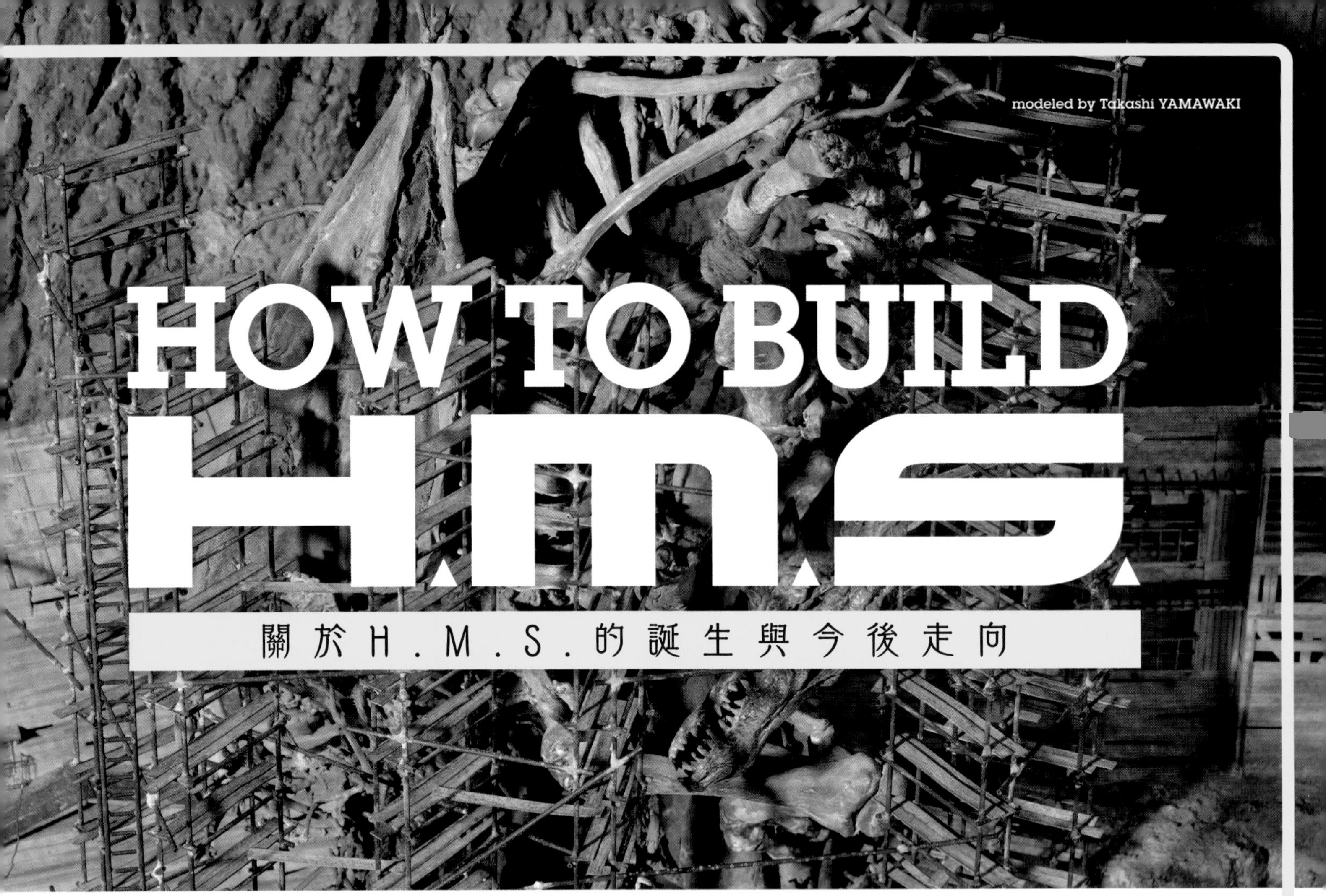

HOW TO BUILD H.M.S.

關於H.M.S.的誕生與今後走向

本次特集讓讀者從月刊Hobby Japan 2018年7月號到2020年12月號第29期，一口氣欣賞了幾乎兩年半分量的內容。在本特集的最後，我們邀請到相當於H.M.S.製作人，同時也負責本次封面模型製作的山脇隆，和我們聊聊H.M.S.誕生的來龍去脈與今後的展望。

採訪者　HJ編輯部ＹＡＳ（H.M.S.責任編輯）

山脇 隆
H.M.S.的核心人物，致力於發掘本企劃參加者。除了負責怪獸GK模型品牌的營運之外，也同時擁有作家身分，每年定期舉辦個展。

─在進入正題之前先請問山脇，你本身是怪獸ＧＫ模型的原型師，竟然會對以奇幻生物為主的本企劃感興趣，這點讓人相當意外。你原本就喜歡奇幻生物的原型嗎？

山脇 隆（以下簡稱山脇）　我和所有投稿「Ｈ.Ｍ.Ｓ.」的創作者一樣，也都看過「Ｓ.Ｍ.Ｈ.」。受到竹谷隆之和韮沢靖（已故）作品很大的影響，也在插畫方面受到寺田克也和雨宮慶太的影響。不過，這也是在我開始做ＧＫ模型之後才接觸到的。其中尤其以韮沢和我的淵源最深，我在將韮沢版哥吉拉製作成商品的時候，受到他諸多關照。

還有，當時作為收集資訊的一環，我去微縮房屋模型的製作教室上課，事後我才得知當時擔任講師的芳賀一洋也參加過「Ｓ.Ｍ.Ｈ.」，讓我大為吃驚。

─的確，你發表過許多融合奇幻生物元素的作品。

山脇　像我在做哥吉拉的時候，不是直接照著電影裡的模樣來做，而是做成小孩看了電影後晚上做惡夢夢到的樣子。因為只是夢裡的情景，所以我會加入一些完全不相關的元素，全心全意塑造一個令人懼怕的形象。再加上我差不多也在那個時期接觸了「Ｓ.Ｍ.Ｈ.」，多少受到了影響，於是慢慢開始在作品裡添加奇幻生物的元素。當然這和韮沢與寺田在《哥吉拉：最後戰役》當中負責設計工作，也有很大的關係就是了。

─所以才有了這個和你合作「Ｈ.Ｍ.Ｓ.」的機會，說起來，一開始是因為我們在拍攝現場閒聊聊到的。

山脇　其實每次我為了本業T's Facto進行產品拍攝而到編輯部打擾時，我都有提到：「現在的Hobby Japan奇幻生物元素不太夠」（笑）。」從前那些製作奇幻生物、將此類別發揚光大的前輩們，近年來為了製作商業原型而忙得不可開交，所以現在都無法像從前那樣在雜誌上看到原創作品，我一直很想重建這樣的環境。最重要的原因還是，我自己很想看到這類的造型。

─的確，和之前相比之下，量產化的商品已經比較能接受奇幻生物式的表現形式，可是反而更少看到單純為了奇幻生物所製作的作品了。

山脇　不過，去參加Wonder Festival就會發現，其實一直都有不少年輕族群會製作原創的奇幻生物類作品並到現場販售。我就想，這樣的作品只能在活動上看到，實在太可惜了。

─雖然在媒體曝光的機會變少了，但是想創作的人和想觀賞創作的人一直都在。現在想起來，在我們展開這項企劃時，前來詢問的原型師大多都是年輕一輩。

山脇　新生代原型師要光憑造型維生終究很難，雖然有很多人藉著接商業原型的工作過活，可是因為要經過版權方監修，所以無法製作自己真正想做的作品，這會造成一股很大的壓力。這樣的情況下，要想製作自己想做的東西，而且還被刊登在書上，實在是很難遇到的罕見機會，而且也能成為他們今後的精神食糧，我覺得這樣的企劃真的非常重要。

山脇　說到這個，本企劃名稱是由編輯部取的，原本你們是想直接套用「S.M.H.」的名稱，對吧？

—以連載單元來說，「S.M.H.」已經像是個品牌，讓人一目了然，但已經有其他連載單元先用了這個名稱，所以我們就直接把順序顛倒過來。原本是「Sensational Modeland Hobby」的簡稱，那我們也硬湊成「Hidden Models and Sculpture」。雖說除了連載第1回以外，幾乎沒有再寫出全名就是了（笑）。

—經過這樣的過程後，總算順利開啟連載，那麼，當初你又是如何找到參加成員的呢？

山脇　初期成員是經常一起在阿佐谷喝一杯的成員，也就是所謂的酒友（笑）。平常在飲酒會上，我們經常聊到韮沢做的奇幻生物類的樹脂組裝模型，所以我馬上就告訴他們這個企劃的構想。

—委託每個造型師製作時的作品規定方面，也給予了相當高的自由度。

山脇　基本上，做什麼都行。自由到不可思議的地步。不過，很多人聽到以後反而非常苦惱。從我的角度來看，我會邀請這些造型師，就是因為他們平時的作品我都有在看，認為這個人一定能勝任，從來不擔心他們的作品內容與品質會不如預期。反倒是希望他們能在這個自由的主題下，將一直以來蘊釀已久的點子加以實現，盡情享受這個製作過程。

山脇　話雖如此，但刊登在雜誌上終究和發布在社群媒體不一樣，給人一種很特別的感覺，所以儘管我提早了很多時間告知他們，想要給他們充裕的時間製作，還是有很多人都是逼近截止日才完成。眼看拍攝日期馬上就要到了，我也開始緊張起來（笑）。

—當初開始連載時，是以奇幻生物類的作品為主，但漸漸地作品種類變得越來越多樣化了。

山脇　有的參加者本身的工作就是製作奇幻生物，他們問我：「不是奇幻生物類的可以嗎？」其實我覺得作品只要是奇幻風格且富有藝術感就行，所以就二話不說直接交給他們去做。作品類別廣泛一點，讀者看得也更開心。倒不如說，我們透過這樣的方式，為「H.M.S.」拓展出無限可能。

—有蠻多創作者還替作品想了故事。

山脇　也許對他們來說，感覺就像是替心裡蘊釀好的故事畫個插畫一樣。

—只有兩頁的篇幅，真的很有限。其中有好幾個作品我還想再多看一點。

山脇　對啊，有些作品還真想把它做成一個系列，但是至少還要超過一年的時間，才能再次輪到同一個作者出場。不過，也許正因為花了這麼長的時間，才能做出如此棒的作品。

—還有沒有尚未在本雜誌登場，而你想邀請的創作者？

山脇　畢業自美術方面的學校，在各種展覽或國外比賽得名的創作者，其中有些人甚至平時是從事完全不同領域的工作。我非常好奇，這些人在「H.M.S.」這樣的地方會製作出怎樣的作品？我已經和其中一些人接洽了，敬請期待。邀請非模型圈的人來參加，應該也能帶給現有成員全新的刺激。

—你既是製作人，同時也是參加者之一。在製作自己的作品時，會刻意想做出一個用來當作「H.M.S.」典範的作品嗎？

山脇　我製作自己的作品時是非常樂在其中的，就像我都告知參加者們「可以自由創作」，我自己也融入了科幻啊、喜劇啊等各式元素。我想，這樣也能讓之後參加這項企劃的創作者們放心，更能大膽地自由創作。

山脇　《extra》這本一共收錄了三十篇作品，只要連載一直持續下去，作品當然還會繼續增加，但除此之外，我想差不多也是時候開個展覽，讓讀者能親眼目睹這些作品了。

—現在因為新冠肺炎疫情的關係，恐怕很難成真。希望之後能成功舉辦，畢竟每篇作品都非常精彩。

山脇　現場除了能實際感受到作品的大小，還能親眼目睹細節部分的造型與塗裝，這些都是要親臨現場才看得到的。

—雖說是在Hobby Japan連載，但是本企劃就整本雜誌的篇幅來說，只占了少少的幾頁而已，舉辦展覽也可以盡到宣傳的效果。疫情目前還不明朗，這就當成二〇二一年的課題吧。

山脇　而且我還想找更多人來參與，希望能像本次《extra》的形式，定期推出專屬於「H.M.S.」的書，效法我們偉大的前輩「S.M.H.」。

—聽起來真棒，我們會朝著這個方向努力的！

▶「S.M.H.」每次的封面都是由竹谷隆之、韮沢靖、鬼頭榮作等豪華名單的造型作品來妝點。本企劃自然也有許多參加者曾經是「S.M.H.」的讀者。

看了這部電影，
你會想動手做模型！

Cinema

しげる的代代木二丁目劇院

文／しげる

VOL.11 *1917*

1917

2019年上映英美共同製作

導演、編劇、監製：山姆・曼德斯
主演：喬治・麥凱、迪恩－查爾斯・查普曼、馬克、史壯等

發行公司：傳訊時代　定價：4980圓　片長：119分鐘　

如果讓眾人票選全美最壞心眼的導演，山姆・曼德斯恐怕名列前茅。而假如讓壞心眼的曼德斯來拍一部第一次世界大戰題材的電影，又會是什麼樣子？《1917》便是宛如這場大型實驗般的作品。整部電影從頭到尾一鏡到底（嚴格來說是兩鏡）為本片的一大賣點，但對於軍事宅最想看的畫面卻僅僅點到為止，實在是部很壞心的電影。

山姆・曼德斯過去曾拍過一部描述波灣戰爭的戰爭片《鍋蓋頭》，這部電影就像是《金甲部隊》的1990年代版本，劇情在講述一名海軍陸戰隊員的苦惱，他在經過嚴苛訓練後好不容易成為狙擊手，卻在波灣戰爭中連一次開槍的機會都沒有。這部電影劇情最高潮的片段是，主角總算可以狙擊伊拉克軍，結果狙擊計畫卻臨時取消的一幕。

回到《1917》的內容。正如電影名稱所示，故事背景發生在一九一七年四月當時，第一次世界大戰的西方戰線。故事一開始，分配到戰壕的英軍步兵布雷克和史考菲被上級叫過去，艾林摩爾將軍派他們將中斷進攻計畫的信件轉交給準備在次日早上發起進攻的盟軍德文郡軍團。

當初之所以擬定這項攻擊計畫，是因為英軍看到德軍從前線撤退，認為這是個追擊的大好機會，但其實這是德軍誘騙英軍的陷阱，而且布雷克的哥哥還隸屬於這個軍團，於是兩人迅速動身，穿越戰壕與戰壕之間的無人地帶，前往德文郡軍團待命的森林。

總之，《1917》就和《鍋蓋頭》一樣，都是攻擊指令在中途遭到撤回的故事。差別在於波灣戰爭時只需使用無線電聯絡就能立刻取消狙擊計畫，但第一次世界大戰當時需要由步兵攜帶軍令穿過前線，花上整整一天的時間才能傳達軍令。布雷克和史考菲在執行這項傳令任務的過程中，遇到種種驚險的狀況，跑到快要斷氣了還是持續奔跑。途中還目睹飛機墜落、遇到德軍，跑到甚至都不明白自己到底在做什麼、這麼做究竟是為了什麼？電影絕大部分的篇幅都用來描繪第一次世界大戰當時宛如地獄般的情景。

不過，導演耗費如此大的心力並不是為了讓士兵成功發起進攻。要是取消狙擊的軍令成功送達前線，士兵便會取消進攻；如果來不及送達，下場就是發動全體攻擊以及英軍全數遭到敵軍殲滅。不論哪個結果，都是軍事迷不樂見的局面，可見曼德斯有多愛折磨人！真要說起來，其實曼德斯從電影導演的處女作《美國心玫瑰情》就已經展現出他隱藏的惡劣一面了。不過，《1917》之所以如此亮眼，正是因為傳令兵為了自己與朋友而奮不顧身拚命奔跑的模樣，感動了許許多多的人。應該做得轟轟烈烈的情節，就會確實做得轟轟烈烈，也是曼德斯的厲害之處。

不過，我覺得本片很惡劣的一點是，片中有一幕場景若無其事地暗示一名主要角色感染了破傷風，換句話說，雖然他一直存活到本片結束，但注定終會在不久的將來死亡。看，超壞的吧～彷彿像是吃壽司沾山葵般，在觀賞電影的過程中細細品嚐導演的壞心眼，就是曼德斯電影的特色所在。

看完《1917》，如果你想動手製作模型……

《1917》對士兵的裝備與服裝做了相當詳實的考據。布雷克與史考菲兩人都是身著羊毛制服，配上皮製的背心，但兩人還是有裝備上的差異：布雷克是P1914，史考菲是P1908。而其他士兵也穿著了毛衣和風衣外套，講究得簡直令人感動到熱淚盈眶。感覺就像第一次世界大戰當時的英軍裝備大集合一樣。

看了考據得如此仔細的電影，不動手製作英國士兵模型怎麼說得過去？雖說許多模型公司都有推出第一次世界大戰的英軍模型，但說到價格容易入手且製作精良的產品，果然還是田宮的「WW1 英國步兵套組（WW1 イギリス歩兵セット）」。由於這是田宮開始使用3D建模來製作原型的初期產品，以該公司第一次推出第一次世界大戰步兵組裝模型而言，可以說是水準既高又相當擬真，光是組合起來就會驚訝到：「這根本就是活生生的英國士兵嘛！」

「WW1英國步兵套組」是田宮MM系列唯一一款第一次世界大戰的模型套組（1200日圓，販售中）。裡面還附有看起來蠻能幹的步槍手，以及莫名有存在感的軍官，十分划算。

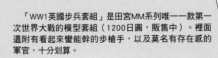

YURIKO OOMURA PRESENTS

百合花茶的書櫃

自由職業攝影師·大村祐里子
隨心所欲介紹
她鍾愛的一本書。

VOL.05

《Level 21》

●發行商／理論社●1165日圓、現正販售中●22cm

BOOK

我這個人一說起話來就很聒噪，但是拍出來的照片卻散發極其靜謐而神祕的氛圍。好幾年前曾經有個朋友這樣對我說過，而我聽了也相當贊同，這應該就是世界在我眼中的模樣，可是，這到底是什麼時候形成的呢?就在我思考起這個問題的時候，想到了一本書──《Level 21》。雖然看起來很像是本遊戲書（譯註：故事會因讀者的選擇而有不同的發展），但其實這是本一九九二年出版的童書。我還記得那是在我就讀國小時，有天在學校圖書室的書架上偶然瞥見這本書的書名，就這樣從茫茫書海裡挑中了它。

「Level 21」是間靜靜坐落在街角的古董店，有一天國小五年級的女孩琉璃意外闖了進去。老闆是位外貌像個西方人的美女安玖。琉璃在與安玖，以及店裡古董相處的過程中，發生了許許多多有些不可思議的靈性體驗。就我自己的主觀感覺，《Level 21》有點像少年JUMP曾經連載的漫畫《The Outer Zone》，這部漫畫裡的美沙里（ミザリィ）和安玖也有些相似之處。（順帶一提，我也好喜歡《The Outer Zone》。）

我還記得，當時書中那些靜謐神祕的故事，強烈觸動我的心弦。當時深深覺得：「這本書太特別了！」「好喜歡喔！」聚在一起活力旺盛地玩耍嬉戲彷彿就是小學生的本分，但小時候的我卻很不喜歡讓人知道我在做些什麼，所以總是希望能一個人待著，是個很奇怪的小孩。感覺《Level 21》彷彿就在跟這樣的我說：「保持這樣就好了。」讓我感到非常開心。

對攝影師來說，作品的氛圍營造既是核心關鍵，也是謀生工具。《Level 21》建構了對現在的我而言極為重要的事物。假如當時碰巧出現在我眼前的是別本書，恐怕我面對世界的方式就會完全不一樣。對人類來說，書正是如此重要的存在。

PROFILE 職業攝影師。1983年生於東京。活動領域廣泛，包括連載網路專欄、替音樂人士拍攝照片等。著有玄光社出版的《Film Camera Start book》，現正熱賣中。

NEXT ISSUE 2021. winter

下期預告

久違的女孩塑膠模型特集！
壽屋的「全新系列」
震撼大特集！

預計2021年2月
下旬出版！

人生與嗜好相伴

Hobby Japan編輯部成員聊聊模型之外的嗜好

矢口英貴

看漫畫的時候正是無比幸福的時光

▼這4部是我特別喜愛的作品，總是忍不住一看再看。

我的生活總是離不開漫畫。在書店碰巧看到感覺蠻有意思的漫畫，就會順手拿起來；看到精彩的新動畫時，因為太想知道接下來的劇情，就會去找原作漫畫來看；看到網路新聞的漫畫介紹，就會興致盎然地特地為此跑書店一趟。我當然也會看電影、電視連續劇和動畫等影像作品，但漫畫隨時隨地都能看，要斷在中間也很方便，例如晚上睡前看到一半便闔上：「我累了，今天就看到這裡吧。」可以完全按照自己的步調，這一點和影像作品很不一樣。只要有時間，要我看一整天都可以，甚至應該說，我還真希望看漫畫變成我生活的全部。

我對漫畫類型幾乎不挑，不過從前喜歡看主流的戰鬥漫畫和熱血運動漫畫，近年卻越來越常看輕鬆日常系，也許是因為想從中得到撫慰吧。整個人投入到故事的世界裡，擺脫現實的束縛，心情會變得輕鬆許多。看漫畫前和看漫畫後，身心的輕盈程度有很大的不同。說到這裡，感覺看漫畫好像一種廉價版的足療。

原本我固定在買的漫畫作品有15部左右，最近有好幾部都完結了，家裡的書櫃正匱乏著。好了，我要去書店尋找新的邂逅了。

HIDETAKA YAGUCHI
OTHER THAN THAT

古川愛李的

第一次的HOBBY

古川愛李（ふるかわあいり）

插畫家、繪本作家。「月刊Hobby Japan」連載專欄「古川愛李的GUNPLA改造作戰Returns」。《鬼滅之刃》裡大推魘夢，發表過魘夢的插畫和微cos。

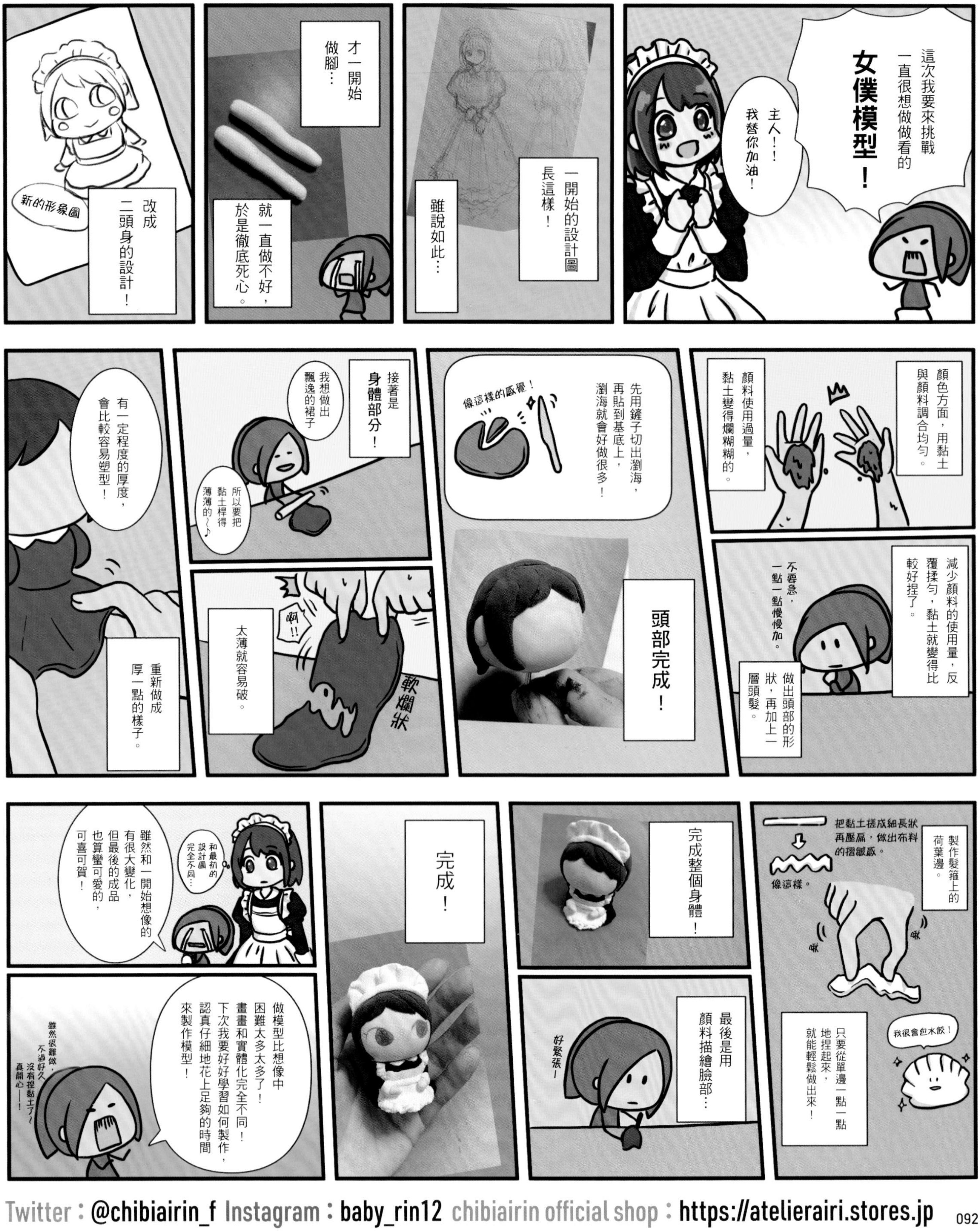
這次我要來挑戰一直很想做做看的女僕模型！
主人！！我替你加油！
一開始的設計圖長這樣！
雖說如此…
才一開始做腳…
就一直做不好，於是徹底死心。
新的形象圖
改成二頭身的設計！
顏色方面，用黏土與顏料調合均勻。
顏料使用過量，黏土變得爛糊糊的。
減少顏料的使用量，反覆揉勻，黏土就變得比較好捏了。
不要急，一點一點慢慢加。
做出頭部的形狀，再加上一層頭髮。
先用鏟子切出瀏海，再貼到基底上，瀏海就會好做很多！
像這樣的感覺！
頭部完成！
接著是身體部分！
我想做出飄逸的裙子
所以要把黏土桿得薄薄的～♪
啊!!
軟爛狀
太薄就容易破。
有一定程度的厚度，會比較容易塑型！
重新做成厚一點的樣子。
製作髮箍上的荷葉邊。
把黏土搓成細長狀再壓扁，做出布料的摺皺感。
像這樣。
只要從單邊一點一點地捏起來，就能輕鬆做出來！
我很會包水餃！
完成整個身體！
最後是用顏料描繪臉部…
好緊張－
完成！
雖然和一開始想像的有很大變化，但最後的成品也算蠻可愛的，可喜可賀！
和最初的設計圖完全不同…
做模型比想像中困難太多太多了！畫畫和實體化完全不同！下次我要好好學習如何製作，認真仔細地花上足夠的時間來製作模型！
雖然很難做，不過好久沒有捏黏土了～真開心――！

Twitter：@chibiairin_f Instagram：baby_rin12 chibiairin official shop：https://atelierairi.stores.jp

HJEX模型部 第十八回

等你來投稿～！

「Hobby Japan extra模型社」是個讓Hobby Japan編輯部成員隨心所欲創作模型的園地。這次的主題選定和「富有藝術感的模型特集」關係密切的「樹脂組裝模型」。樹脂組裝模型外觀上和塑膠組裝模型與十分相像，但是在製作方式與特性方面卻屬於完全不同的領域。本單元刊登了各個成員的樹脂組裝模型成品以及與其之間的回憶。

1/8 ヒュウガ

製作／（り）

◀▲由「夢のカグツチノ公国」擔當原型的樹脂組裝模型。這是他久違的漸層塗裝，但塗裝還是做得很到位，還加入了黑光燈的小巧思，眼睛部分則是使用自製的轉印貼紙，傾盡一切努力完成的作品。

YAS：這次我可不做喔～！

【ぺ】：畢竟這次「HJEX」的編製工作主要都是YAS負責的，所以雜誌版面的氛圍也和往常不同。即使是同一部雜誌，由不同編輯負責就會呈現不同的效果，如果讀者熟讀「月刊Hobby Japan」，可能就感覺得出「這篇文章和那篇文章應該是同一個人負責的」。雖然說不知道這到底是好是壞就是了。

YAS：以後不要再透露這種會給人莫名壓力的幕後祕辛了。所以說，這次就由【ぺ】來做吧，因為這次你沒有參與「HJEX」的編製工作。

【ぺ】：……不對吧？這個不應該是在硬性規定下做的啊，必須是開開心心地創作才行。

YAS：咦？你這樣說是蠻有道理的沒錯，可是這好歹也是工作的一環，應該有一定程度的強制力才是。

【ぺ】：我當然會做啦！畢竟這可是樹脂組裝模型。我就繼續完成之前幹勁滿滿做到一半的Rainbow Egg出品1／20ケーニヒスクレーテ，讓「Ma.K. in SF3D」成員刮目相看。

YAS：你總算要做那件巨作了。真好啊～說句真心話，我也想自己動手做看。樹脂組裝模型總是會讓人燃起創作欲。

【ぺ】：說起來，這到底是為什麼呢？製作樹脂組裝模型時，總會有種和製作塑膠組裝模型全然不同的興奮感。雖然說也要視組裝套件而定，不過樹脂組裝模型在組裝上遠比塑膠組裝模型簡單，卻要穿過黃銅線、鑽出用來穿線的孔洞、黏接也是用瞬間黏著劑，下的功夫不一樣。最後做出來的東西，是在塑膠組裝模型或完成品模型身上看不到的，令人莫名興奮。

YAS：可以直截了當地感受到原型師的造型，應該也是讓人興奮的重要因素。購買樹脂組裝模型時，可能還比塑膠組裝模型更加期待雀躍。

墓王ニト 製作／（師）

◀▶由P20「蒼蠅王」作者古市竜也擔當原型製作的「墓王ニト」縮小版。由3D建模的高解析度立體作品，是很難製作成塑膠組裝模型的，此外塗裝方面也十分出色。

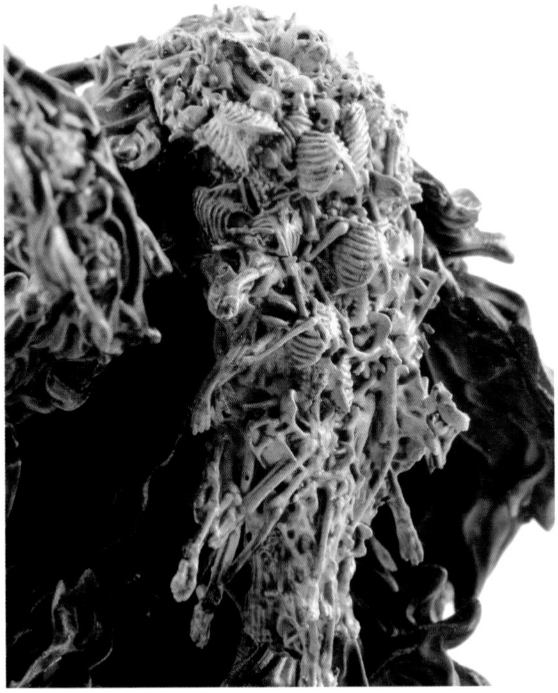

1/20 Nixe 製作／【ぺ】

▲▶這是由在本雜誌中示範造型手法的伊原源造，負責原型製作的《Ma.K.》。雖然機身是塑膠組裝模型，但比現在的版本還小、感覺更精緻，也擁有一票愛好者。本作品也曾在HJ連載單元《Ma.K. in SF3D》的特攝欄位登場！

【ぺ】：收集的時候也是。

YAS：就是說啊～雖然一直以來買了很多、也丟了很多樹脂組裝模型，但其中有些還是會想再重新買來製作。所以，買得到樹脂組裝模型的時候最好還是買下來，而且盡可能不要丟掉，因為之後要再找到當時的那款實在太困難了……

(り)：我做好了～

【ぺ】：（り）和（師）的完成率是100％，而且還做得很精美。

(り)：不過（師）是用他前陣子做的作品。話說回來，在當前的局勢下，手上會有樹脂組裝模型都是本來就擁有的，畢竟樹脂組裝模型只能在活動上買到，對吧？說起來，用之前做好的作品也是無可奈何的。

【ぺ】：的確是這樣……直到最近（當時是2020年11月）總算才成功辦了一場線上的大型活動。

(り)：所以我做了之前買的「夢のカグッチの公国」製作的《蒼き鋼のアルペジオ》，已經好久沒有塗裝模型了。

【ぺ】：這款模型還特別添加富有《アルペジオ》味道的設計，在黑光燈照射下會出現特殊效果（我也要好好加油才行）。

【ぺ】：嗯～看來編輯部的3個人已經全滅了。

YAS：喂！剛開始的幹勁跑到哪去了？

【ぺ】：我在同時期製作的《Hobby Japan extra 1月號》經歷一番苦戰……所以說，卡車頭特集和附錄手冊就交給你了。

YAS：那麼最多讀者來信的「オラザク」也交給你了……喂不對吧！

(學)：唉，實在太難為情了。所以我帶來前陣子在儲藏櫃裡找到的「JAF子」的樹脂組裝模型，還有由菅義弘製作原型的1／60比例F91頭部樹脂組裝模型！有時間的話，真想用這些套件來製作1／60比例F

Hobby Japan extra 模型社

PROFILE

（學）／「月刊Hobby Japan extra」總編輯。最近沉迷於用編輯部突然出現的重訓器材來治療五十肩。

YAS／本期首度負責HJEX。每天都在擔心，在目前的狀況下爬蟲類的活動場次將會大幅減少。重新燃起重訓熱。

（り）／這次完成了一個模型，待在編輯部的時期也曾經為了一篇企劃而製作模型《プラモ狂四郎》。搞不好其實做模型根本是小菜一碟？

（師）／雖然做的模型完成率是100%，存在感卻相當薄弱。專門負責「月刊Hobby Japan」的「月刊工具」單元。

【ぺ】／最近開始開車，本來想說這樣會更加遠離模型這個愛好，結果卻對汽車模型變得興致盎然。顯而易見地愛跟風。

パーントゥ　製作／YAS

▶▼「パーントゥ」同時也推出塑膠組裝模型的版本：迷你塑膠模型「プリプラ」。不過，圖中是WF2020〔冬〕販賣的樹脂組裝模型版本，所以安全過關（什麼啊？）。其實已經上色了。1/35比例，組合起來也很容易。

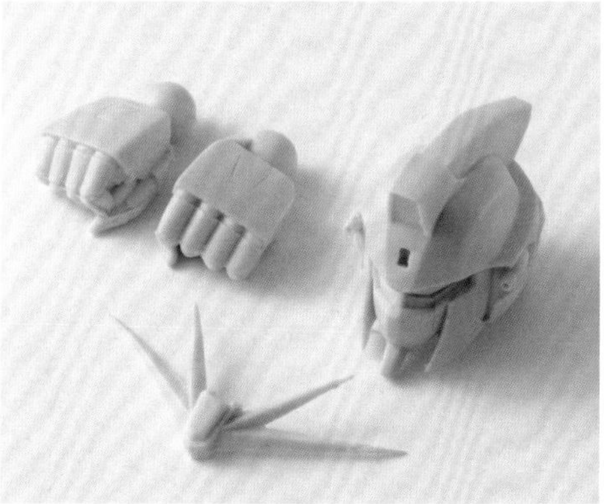

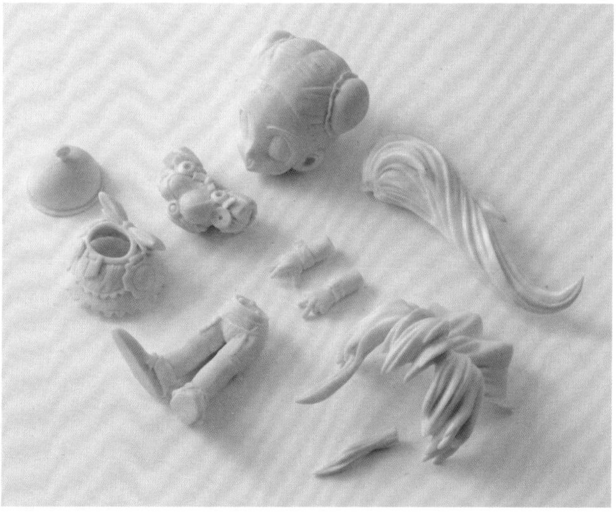

JAF子＆1/60 F91頭部　個人收藏／（學）

▲▶這是我從家裡儲藏櫃挖出來的，帶有滿滿回憶的模型。雖然全都是快要30年前的組裝套件，但造型方面相當講究。也許有一天可以在這個單元看到1/60 F91的作品。

91。

【ぺ】：感覺超級貴重的……

YAS：畢竟JAF子的Q版模型是在第3屆出的。

【ぺ】：她是『Japan Fantastic Convention』（簡稱JAF・CON）的吉祥物，所以叫做JAF子。我們有出她的四格漫畫，她還擔當了HJ1月號手冊的封面，請大家多多捧場。

YAS：廣告打得也太多了吧（笑）。既然這樣，我就出我喜歡的「パーントゥ」樹脂組裝模型版本好了！不過是素組就是了。

【ぺ】：那是什麼？

YAS：你不知道嗎？那是將宮古島的奇特慶典穿著的服裝製成的立體作品。雖然這是樹脂製的，不過好像也有出塑膠組裝模型的版本。去年我去採訪WF時趁空檔買的。

【ぺ】：以立體模型的形式擁有一件物品，就是樹脂組裝模型的醍醐味……那我就用我以前做的，伊原源造的Nixe好了。雖然這樣就變成是塑膠組裝模型，可是我最喜歡源造做的版本了。

YAS：本雜誌也收錄了源造的作品。結尾收得這麼完美，總覺得有點狡猾，但是也挺合理的吧。

Hobby Japan
extra
幻想模型作品集 H.M.S.

Editor at Large
木村 学　Manabu KIMURA

Publisher
松下大介　Daisuke MATSUSHITA

Model works
山脇 隆　Takashi YAMAWAKI
米山啓介　Keisuke YONEYAMA
佐藤和由　Kazuyoshi SATO
古市竜也　Tatsuya FURUICHI
丹羽俊介　Syunsuke NIWA
麻生敬士　Keishi ASOU
實方一渓　Ikkei JITSUKATA
福田浩史　Hirofumi FUKUDA
伊原源造　Genzo IHARA
百武 朋　Tomo HYAKUTAKE
小林義仁(MAX FACTORY)　Yoshihito KOBAYASHI
おぐら ゆい(ゆっちん)　Yui OGURA
前田ヒロユキ　Hiroyuki MAEDA
吉田茂正　Shigemasa YOSHIDA
怪獣ショップてつ　Kaiju shop Tetsu
竹内しんぜん　Shinzen TAKEUCHI
RYO
元内義則　Yoshinori MOTOUCHI
大森記詩　Kishi OOMORI
仙田耕一　Kouichi SENDA
うらまっく　URAMACK

Editor
舟戸康哲　Yasunori FUNATO
伊藤大介　Daisuke ITO

Writer
大村祐里子［ハーベストタイム］Yuriko OOMURA［HARVEST TIME］
しげる　SHIGERU

Illustrator
古川愛李　Airi FURUKAWA

Special thanks
PSYCO MONSTERZ
タミヤ　TAMIYA
ハーベストタイム　HARVEST TIME

Cover
デザイン／小林 歩　Ayumu KOBAYASHI
撮影／河橋将貴［スタジオR］Masataka KAWAHASHI［STUDIO R］
モデル製作／山脇 隆　Takashi YAMAWAKI

Art director
小林 歩　Ayumu KOBAYASHI

Designer
小林 歩　Ayumu KOBAYASHI
高梨仁史［debris.］Hitoshi TAKANASHI［debris.］

Photographer
本松昭茂［スタジオR］Akishige HONMATSU［STUDIO R］
河橋将貴［スタジオR］Masataka KAWAHASHI［STUDIO R］
岡本 学［スタジオR］Gaku OKAMOTO［STUDIO R］
葛 貴紀［井上写真スタジオ］Takanori KATSURA［INOUE PHOTO STUDIO］
大村祐里子［ハーベストタイム］Yuriko OOMURA［HARVEST TIME］

出版	楓書坊文化出版社
地址	新北市板橋區信義路 163 巷 3 號 10 樓
郵政劃撥	19907596 楓書坊文化出版社
網址	www.maplebook.com.tw
電話	02-2957-6096
傳真	02-2957-6435
翻譯	邱心柔
責任編輯	王瀅晴
港澳經銷	泛華發行代理有限公司
定價	380 元
初版日期	2022年4月

幻想模型作品集H.M.S. / Hobby Japan編輯部作；邱心柔譯. -- 初版. -- 新北市：楓書坊文化出版社, 2022.04　面；　公分

ISBN 978-986-377-761-8（平裝）

1. 玩具　2. 模型

479.8　　111002251